福建省中等职业学校学业水平考试用书

U0641860

电工基础

主　编	王雪萍	关荔文
副主编	李海霞	杨　敏
参　编	李武忠	谢沐芳
	唐维燕	温　丹
	罗福道	

华中科技大学出版社
http://press.hust.edu.cn
中国·武汉

内 容 提 要

本书依据《福建省中等职业学校学业水平考试"电工基础"科目考试说明》(以下简称《考试说明》)的要求编写,旨在帮助读者理解和掌握《考试说明》中列出的基本概念、性质、定理等知识点,并能够熟练应用这些知识点解决相关问题。本书内容详实,涵盖了直流电路,电容、电感及变压器,单相正弦交流电路,三相正弦交流电路,以及安全用电等内容,为教师的教学和学生的学习或复习提供了便利。

图书在版编目(CIP)数据

电工基础 / 王雪萍,关荔文主编;李海霞,杨敏副主编. -- 武汉:华中科技大学出版社,2025.8.
ISBN 978-7-5772-2038-3

Ⅰ. TM1

中国国家版本馆 CIP 数据核字第 2025JC0650 号

电工基础
Diangong Jichu

王雪萍　关荔文　主　编
李海霞　杨　敏　副主编

策划编辑:徐晓琦
责任编辑:朱建丽
封面设计:原色设计
责任监印:曾　婷
出版发行:华中科技大学出版社(中国·武汉)　　电话:(027)81321913
　　　　　武汉市东湖新技术开发区华工科技园　　邮编:430223
录　　排:武汉市洪山区佳年华文印部
印　　刷:武汉市籍缘印刷厂
开　　本:787mm×1092mm　1/16
印　　张:7.75
字　　数:176千字
版　　次:2025 年 8 月第 1 版第 1 次印刷
定　　价:29.80 元

前　言

  "电工基础"是福建省中等职业学校学业水平考试的重要组成部分,《福建省中等职业学校学业水平考试"电工基础"科目考试说明》(以下简称《考试说明》)为本书的编写提供了明确的方向。本书严格按照《考试说明》的要求进行编排,旨在帮助学生全面掌握《考试说明》所规定的各项知识点,包括基本概念、性质、定理等,并能将这些知识应用于解决实际问题中。

  本书内容详实,涵盖了直流电路,电容、电感及变压器,单相正弦交流电路,三相正弦交流电路,以及安全用电等内容。本书经过精心设计,不仅介绍了相关理论知识,还通过实例分析加深读者的理解,旨在为教师提供有效的教学资源,同时为学生创造一个系统的学习或复习平台。特别是针对毕业和升学考试的需求,本书特别强调了知识点的应用和理解,帮助学生建立起扎实的专业基础。

  为了更好地辅助学习,本书配套出版了《电工基础练习册》,旨在通过多样化的习题训练,帮助学生巩固所学知识,提高解题能力和应试技巧。《电工基础练习册》中的题目类型丰富,覆盖了选择题、判断题、填空题、问答题与计算题等多种形式,能够全方位地检验学生对各章节内容的掌握情况。

  总之,本书及其配套练习册是专门为福建省中等职业学校的学生量身定制的学习材料,既注重基础知识的讲解,又强调实践能力的培养,是学生迎接学业水平考试不可或缺的好帮手。通过系统地学习本书内容并结合练习册的有效训练,希望学生能够在考试中取得优异的成绩。

编者

2025 年 4 月

目　　录

第一章

直流电路

第一节　电路基本概念和基本定律

一、电路的组成和功能；电路模型的概念；电路的通路、开路和短路的三种基本状态；常用电路元件的图形和文字符号；识读简单电路图

1. 电路的组成和功能

由电源、负载、导线和开关等组成的闭合回路，称为电路。

1）电源

将其他形式的能转换为电能的装置称为电源。常见的直流电源有干电池、蓄电池和直流发电机等。

2）负载

把电能转换为其他形式能的装置称为负载，如电灯、电铃、电动机、电炉等。

3）导线

通常把电源与负载及开关相连接的金属线称为导线，常用铜、铝等材料制成，它将电源产生的电能输送到负载上。

4）开关

开关的作用是将负载与电源接通或断开。

电路各部分的功能是：电源将其他形式的能转化为电能；负载将电能转化为其他形式的能；开关将电路接通或断开；导线将上述各部分连接起来。

在实际应用中，电路中除了有电源、负载、导线和开关外，还必须有一些辅助设备，如变压器、熔断器等。这些设备不仅保证了电路安全，而且使电路自动完成某些特定工作成为可能。

无论何种电路，其主要组成部分都是电源、负载和传输环节（包括连接导线和控制设备）。电源是提供电能和电信号的设备；负载是用电或输出信号的设备；传输环节用于传输电能和电信号。

如图 1-1 所示，电路结构简单，用各种实物图形把构成电路的各部分都画了出来。

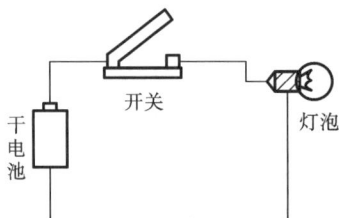

图 1-1　手电筒的电路

2.电路模型的概念

通常采用一些简单又具代表性的图形符号和文字符号来代替实际中的设备或元件。这些符号忽略了设备和元件的形状，只选择其主要性能进行表示，即将实际设备和元件进行处理后，可将其看成理想元件。如果用理想电路元件表示实际电路元件，按照实际电路的逻辑规律进行连接，就形成了一种由理想元件构成的电路，我们称之为电路模型。

3.电路的通路、开路和短路的三种基本状态

电路的状态有如下几种。

1）通路（闭路）

电路各部分连接成闭合回路，有电流通过。

2）开路（断路）

电路断开，电路中没有电流通过。

3）短路（捷路）

当电源两端或电路中某些部分被导线直接相连，这时电源输出的电流不经过负载，只经过连接导线直接流回电源，这种电路状态称为短路状态，简称短路。

一般情况下，短路时的大电流会损坏电源和导线，应该尽量避免。例如，有些时候，在调试电子设备的过程中，将电路中的某部分进行短路，这是为了使与调试过程无关的部分没有电流通过而采取的一种方法。

4.常用电路元件的图形和文字符号

常用电路元件的图形符号如表 1-1 所示。

5.识读简单电路图

在设计、安装或修理各种设备和负载的实际电路时，常要使用表示电路连接情况的图。但在实际生活和工作中，组成电路的各种电气设备和元件种类繁多，在进行电路设计、分析和计算时，也不可能将这些设备或元件一一画出。这种用规定的图形符号和文字符号表示电路连接情况的图，称为电路图，其图形符号要遵守国家标准。这样，图 1-1 所示的电路，就可以用图 1-2 来表示了。

表 1-1 常用电路元件的图形符号

名称	符号	名称	符号	名称	符号
电阻器	▭	电压源	$+$ ⊖ U_s $-$	电灯	⊗
电容器	⊣⊢	电流源	I_s ⊖	干电池	$-$⊣⊢$+$
电感器	⟿	电压表	Ⓥ	熔断器	▭
		电流表	Ⓐ	开关	／
理想电压源	$+$ ○⊖○ $\dot{U}_s$ $-$	理想电流源	$\dot{I}_s$ ○⊖○	可变电阻	▱
接地	⏚	三极管	⤨	二极管	▷⊦
变压器	⟿⟿	相连的导线	┼	不相连接的导线	╈

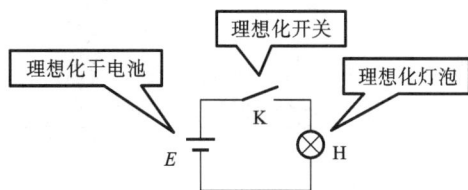

图 1-2 简单电路图

二、电流的定义;电流的计算公式和电流方向

1. 电流的定义

电荷的定向移动形成电流。要形成电流,必须具备以下两个条件。

(1)要有能自由移动的电荷——自由电荷。在金属导体中的自由电荷是自由电子;在电解液中的自由电荷是正、负离子。

（2）导体两端必须保持一定的电位差（电压）。

2. 电流的计算公式和电流方向

电流既是一种物理现象，又是一个表示带电粒子定向运动强弱的物理量。电流的大小等于通过导体截面的电荷与所用时间的比值。如果在时间 t 内通过导体截面的电荷为 q，那么，电流为

$$I = \frac{q}{t} \tag{1-1}$$

在国际单位制中，电流单位为安（A）。如果在 1 秒（s）内通过导体截面的电荷为 1 库仑（C），则规定导体中的电流为 1 安（A）。常用的电流的单位还有毫安（mA）、微安（μA）等，它们的换算关系分别为

$$1 \text{ mA} = 1 \times 10^{-3} \text{ A}$$

和

$$1 \text{ μA} = 1 \times 10^{-6} \text{ A}$$

电流的大小可用电流表直接测量。

电流的方向有实际方向和参考方向之分，需要加以区别。习惯上规定正电荷定向移动的方向为电流的方向（实际方向）。在金属导体中电流的方向与自由电子定向移动的方向相反，在电解液中电流的方向与正离子移动的方向相同，与负离子移动的方向相反。但在进行电路分析时，电流的实际方向有时难以确定，这时可任意假定一个电流方向，在电路图中用箭头表示，称为电流的参考方向。当电流的实际方向与参考方向一致时，则电流为正值；反之，当电流的实际方向与参考方向相反时，则电流为负值。

三、电压与电位的概念；电压与电位的关系；电压的实际方向与参考方向三种表示方法的关系及判断电压的实际方向的方法；电压与电位的计算公式

1. 电压与电位的概念

1）电压的概念

如果把导体放进电场内，导体中的自由电荷除了做无规则的热运动外，还要在电场力的作用下做定向移动，形成电流。但由于电荷移动后很快就达到静电平衡状态，电流将消失，导体内部的场强变为零，整块导体成为等位体，如图 1-3 所示。可见要得到持续的电流，就必须设法使导体两端保持一定的电压（电位差），导体内部存在电场，才能持续不断地推动自由电荷做定向移动，这是在导体中形成电流的条件。

电压在数值上等于电场力把正电荷在两点间移动所做的功与被移动电荷的比值，是衡量电场力做功大小的物理量，用字母 U 表示，单位为伏（V）。

电压又称为电位差，是衡量电场力做功能力强弱的一个物理量。如图 1-4 所示，若电场力把正电荷 q 从 A 点移到 B 点，所做的功为 W，则功 W 与电荷 q 的比值就称为 A、B 两点间的电压，用 U 表示，即

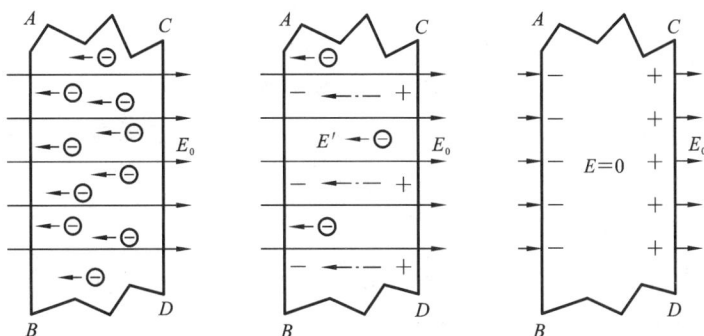

图 1-3　电荷移动后形成静电平衡的过程图

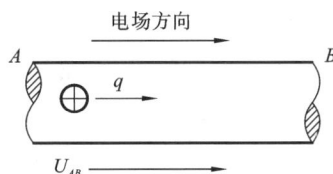

图 1-4　正电荷在电场中运动

$$U_{AB} = \frac{W_{AB}}{q} \tag{1-2}$$

在国际单位制中,功的单位为焦耳(J),电荷的单位为库仑(C),电压的单位是伏(V)。若电场力将 1 C 的电荷从 A 点移到 B 点所做的功为 1 J,则 A、B 两点间的电压就是 1 V。电压常用的单位还有千伏(kV)、毫伏(mV)等,它们的换算关系分别为

$$1 \text{ kV} = 1 \times 10^3 \text{ V}$$

和

$$1 \text{ mV} = 1 \times 10^{-3} \text{ V}$$

2)电位的概念

如图 1-4 所示,若以 B 点为参考点,电场力将正电荷 q 从任意点 A 移到参考点所做的功 W_A 跟电荷 q 的比值,称为 A 点对参考点的电位,记作

$$V_A = \frac{W_A}{q} \tag{1-3}$$

由此可见,电路中某点 A 的电位在数值上等于电场力将单位正电荷自该点沿任意路径移到参考点所做的功。电位的单位也为伏(V)。电路中任意两点的电位差就是这两点间的电压,即

$$U_{AB} = V_A - V_B \tag{1-4}$$

电位是表示电路中某一点性质的物理量,而且是相对于参考点来说的,通常规定参考点的电位为零电位。电位是一个相对的物理量,如果不确定参考点,讨论电位也就没有意义了。参考点的选择在原则上是任意的,但在实际研究问题时,一般选择无穷远处或大地为零

电位参考点。在分析电路时,通常选择电路中的接地点为零电位参考点。需要注意的是,在同一个电路中,当选择不同的参考点时,同一点的电位是不同的。但是参考点一经确定,各点的电位也就确定了,即电路中其余各点的电位都有唯一确定值。当电位为正值时,说明其电位高于参考点电位;当电位为负值时,说明其电位低于参考点的电位,这就是电位的单值性原理。

2. 电压与电位的关系

电路中任意两点的电位差就是这两点间的电压;电路中各点的电位为该点与参考点之间的电压差。参考点不同,电路中各点的电位也不同,但任意两点间的电位差(电压)不变。

3. 电压的实际方向与参考方向三种表示方法的关系及判断电压的实际方向的方法

电压的实际方向规定为从高电位点指向低电位点,是电压的方向。电流、电压的方向,在电路中是客观存在的,称为实际方向,在一些简单的电路中是可以直接确定的。但在分析计算较复杂的电路时,往往很难判断出某一元件或某一段电路上电流或电压的实际方向;而对那些大小和方向都随时间变化的电流或电压,要在电路中标出它们的实际方向就更不方便了。因此,在分析电路时,在电路上要标定"参考方向"。

参考方向是人们任意在电路图中选定的一个方向,也就是假设的。例如,对于图 1-5 所示电路中的一个元件,其电流的实际方向虽然事先不知,但它只有两种可能,不是从 A 流向 B,就是从 B 流向 A。可以任意选定一个方向作为参考方向,并用箭头标出。假设选定的参考方向是从 A 指向 B 的,若计算出 $i>0$,则表明电流的参考方向与电流的实际方向是一致的,如图 1-5(a)所示;若计算出 $i<0$,则表明电流的参考方向与电流的实际方向是相反的,如图 1-5(b)所示。于是在选定的参考方向下,电流的正、负也就反映了它的实际方向。

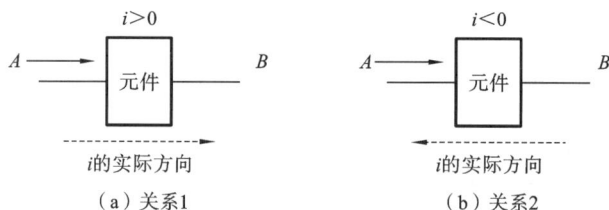

图 1-5　电流的参考方向与实际方向的关系

同样的道理,电路中两点间的电压也可以任意选定一个参考方向,并用参考方向和电压的正、负来反映该电压的实际方向。

电压的参考方向可以用一个箭头表示,如图 1-6(a)所示;也可以用正(+)、负(-)极性表示,称为参考极性,如图 1-6(b)所示。另外还可以用双下标表示,例如,A、B 两点间电压的参考方向是从 A 指向 B,如图 1-6(c)所示。

以上几种表示方法只需任选一种标出即可。

在以后的电路分析中,完全不必先去考虑电流、电压的实际方向;而应首先在电路图中

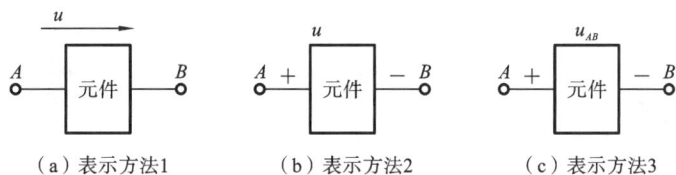

（a）表示方法1　　　（b）表示方法2　　　（c）表示方法3

图 1-6　电压的参考方向的表示方法

标出它们的参考方向,然后根据参考方向列出有关电路方程,计算结果的正、负与标定的参考方向反映了它们的实际方向。所以参考方向下的电压、电流是一个代数量。参考方向一经选定,在电路分析计算过程中就不能再改动了。

对于同一个元件或同一段电路上的电压与电流的参考方向,习惯常将电压与电流的参考方向标为同一方向,称之为关联的参考方向,简称关联方向。图 1-7 所示电路中的电压与电流的参考方向称为关联方向。

参考方向并不是一个抽象的概念,电流表测量直流电路中的电流时,该表有"＋""－"标记的两个端钮,事实上就已为被测电流选定了从"＋"端流入,"－"端流出作参考方向。若指针正偏(右摆),电流为正值,如图 1-8(a)所示;若电流的实际方向是由"－"端流入,"＋"端流出,则指针反偏(左摆),电流为负值,如图 1-8(b)所示。

同理,直流电压表测量电压时,表上两个端钮也选定了参考方向,指针同样出现正偏或反偏两种可能。

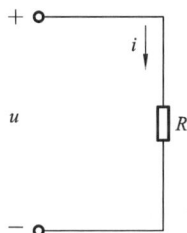

图 1-7　电压与电流的关联方向

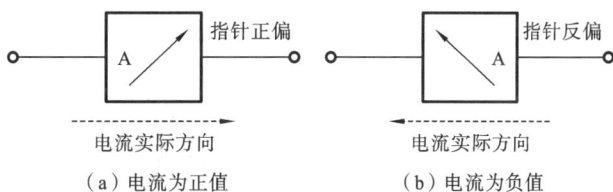

（a）电流为正值　　　（b）电流为负值

图 1-8　电流表与电流方向

4. 电压与电位的计算公式

在图 1-9 中,以电路中 O 点为参考点,则另两点 A、B 的电位分别为 $\varphi_A = u_{AO}$,$\varphi_B = u_{BO}$,电场力把单位正电荷从 A 点移到 B 点所做的功,即 u_{AB} 应该等于电场力把单位正电荷从 A 点移到 O 点,再从 O 点移到 B 点所做功的和,即

$$u_{AB} = u_{AO} + u_{OB} = u_{AO} + (-u_{BO})$$

即

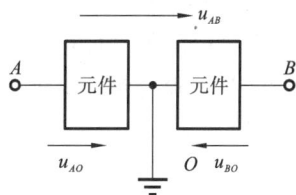

图 1-9　电压的表示方法

$$u_{AB} = u_{AO} - u_{BO}, \quad u_{AB} = \varphi_A - \varphi_B \tag{1-5}$$

式(1-5)说明,某两点的电压等于该两点的电位之差。因此,电压也称为电位差,电压的实际方向是从高电位指向低电位。

四、电阻器[①]**的功能及主要参数;热敏电阻、光敏电阻、压敏电阻、气敏电阻等常用敏感电阻的特性及应用;电阻和电阻率的概念;金属导体电阻的计算公式;电阻的识别;导体电阻、电阻率与温度的关系;电阻器的作用和分类**

1. 电阻器的功能及主要参数

1) 电阻器的主要功能

(1) 分压。

通过电阻的分压作用,可以将电源电压按照一定比例分配到不同的电路部分。

(2) 限流。

限制电路中的电流大小,保护其他元件不被过大的电流损坏。

(3) 负载。

作为电路中的负载,消耗电能,实现特定的功能。

2) 电阻器的主要参数

(1) 电阻值[②]。

电阻值表示电阻对电流阻碍作用的大小,单位为欧姆(Ω)。

(2) 精度。

反映电阻实际电阻与标称电阻的接近程度。

(3) 功率。

电阻能够承受的最大功率,超过这个功率,电阻可能会因过热而被损坏。

(4) 温度系数。

温度系数表示电阻值随温度变化的程度。

(5) 耐压值。

电阻能够承受的最大电压。

在实际电路设计和应用中,需要根据具体的需求选择合适参数的电阻器,以确保电路的正常工作和稳定性。

2. 热敏电阻、光敏电阻、压敏电阻、气敏电阻等常用敏感电阻的特性及应用

1) 热敏电阻的特性及应用

热敏电阻的字母符号为 R 或 RT,热敏电阻的实物外形和电路符号如图 1-10 所示。热敏电阻是一种对温度敏感的电阻元件。

(1) 热敏电阻的特性。

① 电阻值随温度变化显著:热敏电阻分为正温度系数(PTC)热敏电阻和负温度系数(NTC)热敏电阻。PTC 热敏电阻的电阻值随温度升高而增大;NTC 热敏电阻的电阻值随温度升高而减小。

② 灵敏度高:能对温度的微小变化做出快速响应。

---

① 电阻器简称电阻。

② 电阻值称为阻值、电阻。

图1-10 热敏电阻的实物外形和电路符号

③ 非线性:其电阻值与温度之间的关系通常不是线性的。

(2)热敏电阻的应用。

① 温度测量与控制:在电子体温计、工业温度控制系统中,通过测量热敏电阻的电阻值变化来确定温度。

② 电路保护:在电源电路中,当电流过大而导致温度升高时,热敏电阻的电阻值变化可用于限制电流,保护电路元件。

③ 温度补偿:用于补偿其他电子元件因温度变化而导致的性能变化。

④ 过热保护:在电机、变压器等设备中,当温度超过设定值时,触发保护机制。

总之,热敏电阻因其独特的温度敏感特性,在各种需要温度监测和控制的领域发挥着重要作用。

2)光敏电阻的特性及应用

光敏电阻的字母符号为 R 或 RL、RG,实物外形和电路符号如图1-11所示。光敏电阻是一种对光敏感的电阻元件。

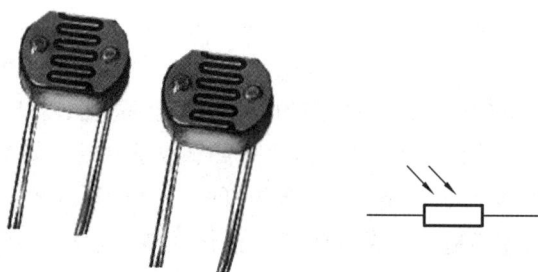

图1-11 光敏电阻的实物外形和电路符号

(1)光敏电阻的特性。

① 光照特性:其电阻值会随着入射光强度的变化而发生显著改变。通常,光照越强,电阻值越小。

② 光谱特性:对不同波长的光具有不同的灵敏度,即对不同颜色的光的响应程度不同。

③ 频率特性:对光的变化频率响应有一定的限制,在高频光变化下可能响应不及时。

④ 温度特性:其电阻值会受到温度的影响,温度变化可能导致光敏电阻的灵敏度和稳定

性发生变化。

（2）光敏电阻的应用。

① 光控开关：根据环境光线的强弱自动开启或关闭照明设备（如自动控制的路灯、楼道灯等）。

② 光测量：用于测量光的强度，在照度计等仪器中发挥作用。

③ 相机自动曝光控制：根据环境光的强弱自动调整相机的曝光参数。

④ 安防监控：在红外监控系统中，检测红外光的变化来触发警报。

⑤ 工业自动化：用于检测生产线上的物料位置、有无等，实现自动化控制。

3）压敏电阻的特性及应用

压敏电阻器是一种对电压敏感的非线性过电压保护半导体元件。压敏电阻的字母符号为 R 或 RV，压敏电阻的实物外形和电路符号如图 1-12 所示。

图 1-12　压敏电阻的实物外形和电路符号

（1）压敏电阻的特性。

① 保护特性：当冲击源的冲击强度（或冲击电流 $I_{sp}=U_s/Z_{sp}$）不超过规定值时，压敏电阻的限制电压不允许超过被保护对象所能承受的冲击耐电压（U_{sp}）。

② 耐冲击特性：压敏电阻本身应能承受规定的冲击电流、冲击能量，以及多次冲击相继出现时的平均功率。

③ 寿命特性：连续工作电压寿命，即压敏电阻在规定环境温度和系统电压条件下应能可靠工作的规定时间（单位为小时）；冲击寿命，即能可靠地承受规定的冲击的次数。

④ 压敏电阻介入系统后，除了起到"安全阀"的保护作用外，还会带入一些附加影响，这就是所谓的"二次效应"，它不应降低系统的正常工作性能。这时要考虑的因素主要有三项，一是压敏电阻本身的电容（几十到几万皮法），二是在系统电压下的漏电流，三是压敏电阻的非线性电流通过源阻抗的耦合对其他电路的影响。

（2）压敏电阻的应用

① 过电压保护：广泛应用于电源系统、电子设备等，如交流电源防雷、直流电源防浪涌，保护电路免受过高电压的损害。

② 防雷保护：安装在建筑物、通信设备等的进线端，防止雷电产生的高电压脉冲进入设备。

③ 电子电路保护：在集成电路、传感器电路等中，抑制瞬态过电压，提高电路的可靠性。

④ 电机保护：保护电机免受电源电压波动和浪涌的影响，以延长电机使用寿命。

4) 气敏电阻的特性及应用

气敏电阻是一种半导体敏感元件,它是利用气体的吸附作用而使半导体本身的电导率发生变化这一机理来进行检测变化量的。使用气敏电阻可以把某种气体的成分、浓度等参数转换成电阻变化量,再转换为电流、电压信号。

国产气敏电阻的命名如表1-2所示,气敏电阻的实物外形和电路符号如图1-13所示。

表1-2 国产气敏电阻的命名

第一部分:主称		第二部分:用途或特征		第三部分:序号
字母	含义	字母	含义	
MQ	气敏电阻器	J	用酒精进行检测	用数字表示序号
		K	用可燃气体进行检测	
		Y	用烟雾进行检测	
		N	N型气敏元件	
		P	P型气敏元件	

图1-13 气敏电阻的实物外形和电路符号

(1)气敏电阻的特性。

① 气敏特性:对某些特定气体的浓度变化表现出明显的电阻变化。不同类型的气敏电阻对不同气体具有选择性响应。

② 灵敏度:能够检测到较低浓度的气体,并产生显著的电阻变化。

③ 响应恢复时间:从接触气体到电阻发生显著变化的响应时间,以及气体撤离后电阻恢复到初始值的时间。

④ 稳定性和重复性:在一定的使用条件下,其性能应保持相对稳定,并且对相同气体浓度的多次检测具有较好的重复性。

(2)气敏电阻的应用。

① 气体检测与监测:用于检测环境中的有害气体,如一氧化碳、甲烷、甲醛等,在家庭安防、工业生产环境监测中发挥着重要作用。

② 空气质量检测:检测空气中的污染气体成分和浓度,为改善空气质量提供数据支持。

③ 酒驾检测:在汽车中用于检测驾驶员呼出气体的酒精含量,以保障交通安全。

④ 火灾预警:检测火灾产生的特定气体,如一氧化碳等,实现早期火灾预警。

⑤ 食品质量检测：如检测食品包装中的气体成分，判断食品是否变质。

3. 电阻和电阻率的概念

电阻是指电流在电路中通过时所遇到的阻力。

从物理本质来说，由于材料中的原子、分子等微观粒子对自由电子的散射作用造成的阻力，就是电阻。当电子在导体中流动时，会与这些粒子发生碰撞和相互作用，从而阻碍了电子的定向移动，就表现为电阻。文字符号为 R。电阻单位为欧姆（Ω）。除欧姆外，常用的电阻单位还有千欧（kΩ）、兆欧（MΩ），它们的换算关系分别为

$$1 \text{ k}\Omega = 1 \times 10^3 \text{ }\Omega$$

和

$$1 \text{ M}\Omega = 1 \times 10^6 \text{ }\Omega$$

不但金属导体有电阻，其他物体也有电阻。电阻的大小取决于导体的材料、长度、截面积及温度等因素。

电阻率是用来表示各种物质电阻特性的物理量。

它是某种材料制成的长为 1 米、截面积为 1 平方米的导体的电阻。电阻率单位是欧姆·米（Ω·m）。

电阻率反映了材料导电性能的优劣。电阻率越小，材料的导电性能越好；电阻率越大，材料的导电性能越差。

不同的材料具有不同的电阻率，如金属通常具有较低的电阻率，是良好的导体；而一些非金属材料，如陶瓷、塑料等，电阻率很高，属于绝缘体。

电阻率还会受到温度、杂质含量等因素的影响。一般来说，金属的电阻率随温度升高而增大，而某些半导体材料的电阻率会随温度升高而减小。

4. 金属导体电阻的计算公式

导体电阻是由它本身的物理条件，即长度、截面积、材料的性质和温度决定的。

在保持温度（如 20 ℃）不变的条件下，实验结果表明，各种材料制成的导线，其电阻与它的长度 l 成正比，与它的截面积 S 成反比，即

$$R = \rho \frac{l}{S} \tag{1-6}$$

式中：比例系数 ρ 称为材料的电阻率，单位为 Ω·m。

式（1-6）称为电阻定律。ρ 与材料的几何形状无关，而与材料的性质和材料所处的条件（如温度等）有关。R、L、S 的单位分别为 Ω（欧）、m（米）和 m²（平方米）。在一定温度下，同一种材料的 ρ 是常数。

不同材料有不同的电阻率，电阻率的大小反映了各种材料导电性能的好坏，电阻率越大，表示导电性能越差。通常将电阻率小于 1×10^{-6} Ω·m 的材料称为导体。

5. 电阻的识别

1）色环标注法

电阻色环标注法：通过颜色来标识电阻的阻值和误差。

色环标注法可以无需测量电阻,就可以直接计算出来,色环标注法主要应用于圆柱形电阻,如碳膜电阻、金属膜电阻、金属氧化膜电阻、保险丝电阻、绕线电阻。色环标注法是指在电阻上用四条色标或者五条色标或者六条色标来表示电阻的方法。

(1) 色标电阻的介绍。

色标电阻是电子电路中最常用的电子元件,在普通的电阻封装上涂上不一样的颜色色标,以区分电阻值。要保证在安装电阻时不管从什么方向安装,都可以清楚地读出它的电阻值。色标电阻的基本单位有欧姆(Ω)、千欧(kΩ)、兆欧(MΩ)。

如图 1-14 所示,平常使用的色标电阻可以分为四环电阻和五环电阻,通常使用四环电阻。其中四环电阻前二环为数字,第三环表示电阻值的倍数,第四环表示误差;五环电阻前三环为数字,第四环表示电阻值的倍数,第五环表示误差。误差通常是金色、银色和棕色三种颜色,金色的误差为 5%,银色的误差为 10%,棕色的误差为 1%,无色的误差为 20%,另外偶尔还有以绿色代表误差的,绿色的误差为 0.5%。精密电阻通常用于军事、航天等方面。色标电阻在早期是为了帮助人们分辨电阻值,因为色标电阻比较大,在当今高度集成的情况

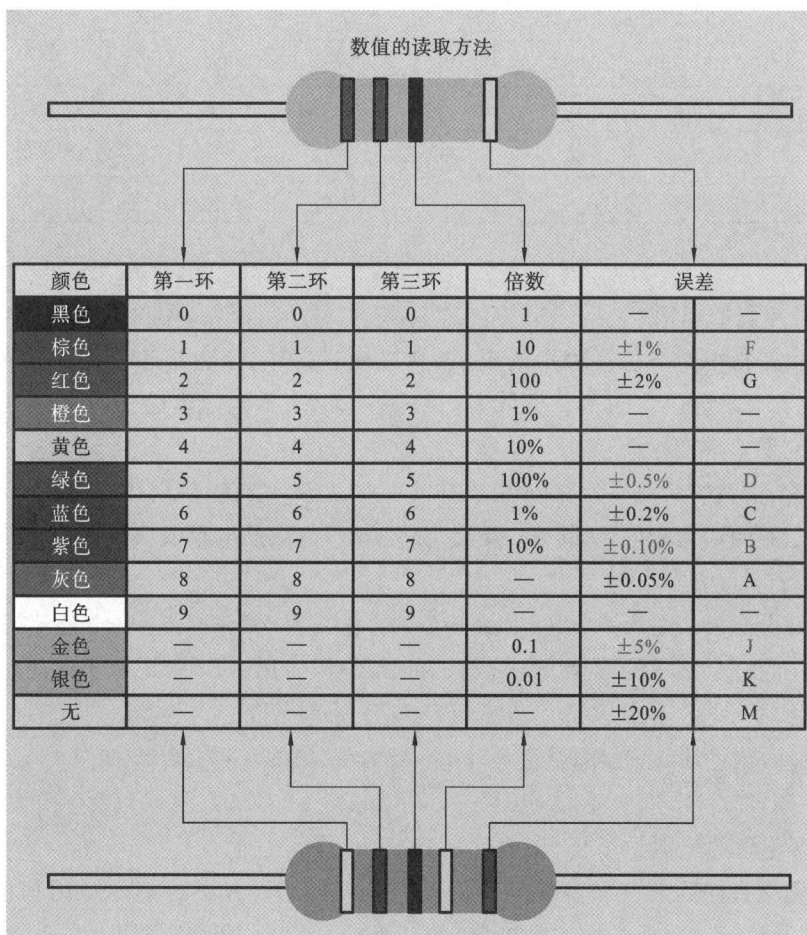

数值的读取方法

颜色	第一环	第二环	第三环	倍数	误差	
黑色	0	0	0	1	—	—
棕色	1	1	1	10	±1%	F
红色	2	2	2	100	±2%	G
橙色	3	3	3	1%	—	—
黄色	4	4	4	10%	—	—
绿色	5	5	5	100%	±0.5%	D
蓝色	6	6	6	1%	±0.2%	C
紫色	7	7	7	10%	±0.10%	B
灰色	8	8	8	—	±0.05%	A
白色	9	9	9	—	—	—
金色	—	—	—	0.1	±5%	J
银色	—	—	—	0.01	±10%	K
无	—	—	—	—	±20%	M

图 1-14　色标电阻四环和五环表示含义

下,色标电阻的使用频率已经比较少了。

（2）电阻色标表。

电阻色标表有一个小口诀：棕一红二橙是三,四黄五绿六为蓝,七紫八灰九对白,黑是零,金五银十表误差。具体如表1-3所示。

1-3 电阻色环表

色环	第一环	第二环	第三环（倍数）	第四环（误差环）
黑色环	0	0	1	0
棕色环	1	1	10	±1%
红色环	2	2	100	±2%
橙色环	3	3	1000	—
黄色环	4	4	10000	—
绿色环	5	5	100000	±0.5%
蓝色环	6	6	1000000	±0.2%
紫色环	7	7	10000000	±0.1%
灰色环	8	8	100000000	—
白色环	9	9	1000000000	−20%～+5%
金色环	—	—	—	±5%
银色环	—	—	—	±10%
无色环	—	—	—	±20%

（3）四环电阻的识别。

四环电阻是指用四条色标表示的电阻,从左向右,第一条色标表示电阻值的最高位数字;第二条色标表示电阻值的第二位数字;第三条色标表示电阻值的倍数;第四条色标表示电阻值允许的误差（精度）。

例如,一个电阻的第一环为红色环（代表2）、第二环为紫色环（代表7）、第三环为棕色环（代表10倍）、第四环为金色环（代表±5%）,那么这个电阻的电阻值应该是270 Ω,电阻值的误差范围为±5%。

如果不好分辨哪个是第一个色标,最简单的方法就是"第四环"不是金色环就是银色环,而其他颜色的色环会出现的银少（该方法只对四环电阻有用,对五环电阻不适用）。

举例如下。

① 红色环,黄色环,棕色环,金色环 → $24 \times 10 = 240$ Ω,误差为±5%。

② 绿色环,红色环,黄色环,银色环 → $52 \times 10000 = 520$ kΩ,误差为±10%。

（4）五环电阻的识别。

五环电阻是指用五条色标表示的电阻,从左向右,第一条色标表示电阻值的最高位数字;第二条色标表示电阻值的第二位数字;第三条色标表示电阻值的第三位数字;第四条色标表示电阻值的倍数;第五条色标表示电阻值允许的误差。

以五环电阻为例,第一环为红色环(代表 2)、第二环为红色环(代表 2)、第三环为黑色环(代表 0)、第四环为黑色环(代表 1 倍)、第五环为棕色环(代表±1%),则其电阻值为 220 Ω,电阻值的误差范围为±1%。

举例如下。

红色环,红色环,黑色环,黑色环,棕色环 → 220×1=220 Ω,误差为±1%。

(5) 六环电阻的识别。

六环电阻是指用六色环表示的电阻,六环电阻的前五条色标与五环电阻表示方法一样,第六条色标表示该电阻的温度系数。只有在特殊场合下的电子产品才会使用六环电阻。

2) 数码法

数码法是指在电阻器上用三位或四位数码来表示标称值的方法。

对于三位数码标注的电阻,从左向右,第一、二位为有效值,第三位为指数,即零的个数,单位为欧姆。例如,一个电阻上的数码是 103,其电阻值为

$$10×10^3 \ \Omega = 10000 \ \Omega = 10 \ k\Omega$$

偏差通常采用文字符号表示,常见的偏差文字符号有 D(±0.5%)、F(±1%)、G(±2%)、J(±5%)、K(±10%)、M(±20%)等。

对于四位数码标注的电阻,前三位数字是有效数字,第四位数字表示倍率,即 10 的幂次方。例如,标注为 1502 的电阻,其电阻值为

$$150×10^2 \ \Omega = 15000 \ \Omega = 15 \ k\Omega$$

在识别用数码法表示的电阻值时,需要注意以下几点。

(1) 确定数码的位数和每位数字的含义。

(2) 理解指数位所代表的零的个数。

(3) 注意偏差文字符号的含义,以确定电阻值的精度范围。

如果电阻上没有标注偏差符号,则默认偏差范围为±20%。此外,还有一些精密电阻可能会采用更多位的数码来表示电阻值,以提高精度。在实际应用中,若对电阻值的准确性有较高要求,建议使用万用表进行测量验证。

6. 导体电阻、电阻率与温度的关系

当温度变化较小时,金属导体电阻可认为是不变的。但当温度变化大时,电阻的变化就不可忽视了。

温度升高,使得分子的热运动加剧,进而使得自由电子在定向移动时碰撞次数增加,从而受到更多的碰撞和阻碍,即自由电子的移动受到的阻碍增加,从而电阻增大。因此,对大多数导体而言,当温度升高时,其电阻增大,电阻率也随之增大。

温度升高,使物质中带电粒子数目增多,更容易导电。因此,随着温度的升高,导体的电阻究竟是增大还是减小要看哪一种因素的作用占主要地位。

但也有一些特殊的导体,如某些半导体材料,当温度升高时,其电阻会减小,电阻率会降低。这是因为随着温度升高,半导体中的载流子(自由电子和空穴)数量增加,导电能力增强,从而使得电阻减小。

在极低温(接近于绝对零度)状态下,有些金属(一些合金和金属的化合物)的电阻突然变为零,这种现象称为超导现象。对超导材料的研究是现代物理学中很重要的课题,目前正致力于提高超导体的温度,以扩大它的应用范围。

总体来说,导体电阻、电阻率与温度的关系较为复杂,具体取决于导体的材料特性。

7. 电阻器的作用和分类

1)电阻器的作用

(1)限流作用。

通过限制电流的大小,保护电路中的其他元件免受过大电流的损害。

(2)分压作用。

将电压按一定比例分配到不同的电路部分。

(3)负载作用。

消耗电能,为电路中的其他元件提供适当的工作条件。

2)电阻器的分类

(1)按照材料分类。

① 碳膜电阻器:价格低廉,性能一般。

② 金属膜电阻器:精度高,稳定性好。

③ 线绕电阻器:功率大,耐高温。

④ 水泥电阻器:功率大,耐高压。

(2)按照功能分类。

① 固定电阻器:电阻值固定不变。

② 可变电阻器:包括电位器和变阻器,可以调节电阻值。

(3)按照封装形式分类。

① 插件电阻器:有轴向引线的电阻。

② 贴片电阻器:广泛应用于表面贴装技术(SMT)的电路中。

五、部分电路欧姆定律的公式和应用;线性电阻的伏安特性曲线;电压与电流的关联参考方向、非关联参考方向

1. 部分电路欧姆定律的公式和应用

导体中的电流与其两端的电压成正比,与它的电阻成反比,这就是部分电路欧姆定律。I 表示通过导体的电流,U 表示导体两端的电压,R 表示导体的电阻,欧姆定律可以写为

$$I = \frac{U}{R} \tag{1-7}$$

式中:U、I、R 的单位分别为 V(伏)、A(安)、Ω(欧)。

或

$$U = RI \tag{1-18}$$

式中:U、I、R 的单位分别为 V(伏)、A(安)、Ω(欧)。

2. 线性电阻的伏安特性曲线

如果以电压为横坐标,电流为纵坐标,可画出电阻的伏安特性曲线,加在电阻两端的电压与电流之间的关系称为电阻的伏安特性。其曲线称为伏安特性曲线,如图 1-15 所示。

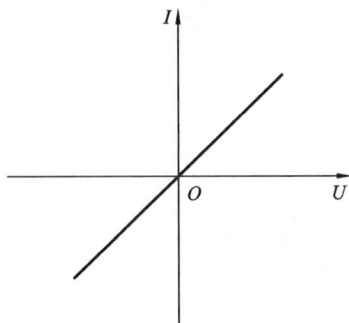

图 1-15 线性电阻的伏安特性曲线

电阻的伏安特性曲线是过原点的直线时,称该电阻为线性电阻,即此电阻的电阻值 R 可以认为是常数,直线斜率的倒数表示该电阻的电阻值。如果电阻的伏安特性曲线不是直线,则称该电阻为非线性电阻。通常所说的电阻是指线性电阻。

根据电阻性质不同,电阻可分为线性电阻和非线性电阻。线性电阻元件的伏安特性曲线是通过坐标原点的直线,电阻值是常数,与电压、电流无关,只与导体的材料、几何尺寸及环境温度有关。伏安特性曲线不是直线或者是直线但不过原点的电阻称为非线性电阻,其电阻值不是常数,它随电压与电流的变化而变化。

3. 电压与电流的关联参考方向、非关联参考方向

可以独立地对一段电路或一个元件上的电压的参考方向和电流的参考方向加以任意指定。当电流、电压的参考方向一致时,则称之为关联参考方向,如图 1-16(a)中的 I 和 U;反之称为非关联参考方向,如图 1-16(b)中的 I 和 U。

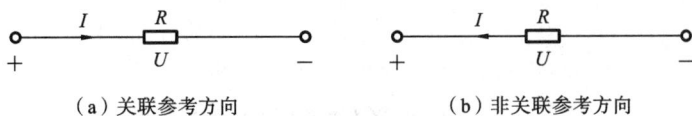

(a)关联参考方向 　　　　　(b)非关联参考方向

图 1-16 电压、电流的参考方向

一般来说,对负载采用关联参考方向,对电源采用非关联参考方向。

六、电动势的概念、电动势的大小和方向;电动势与电源电压的关系;影响电压的因素

1. 电动势的概念、电动势的大小和方向

电源是将其他形式的能转换为电能的装置。要想使闭合回路中保持持续的电流,在电源内部,必须有非电场力做功使电流从电源的负极经电源内部又流回到电源的正极。为了衡量电源将其他形式的能转换为电能的能力大小,引入一个新的物理量,即电动势。其定义

为:在电源内,非电场力将单位正电荷从电源的负极经电源内部移到电源的正极所做的功,称为电动势。直流电动势可表示为

$$E=\frac{W}{q} \tag{1-9}$$

电动势的单位也为 V。电动势也是有方向的,一般规定电动势的方向为:在电源内部由电源负极指向正极。

在如图 1-17 所示的电路中,E 和 U 的参考方向刚好相反,这是因为它们的物理意义不同:电动势的参考方向表示电位升高,电压的参考方向表示电位降低,但它们反映的是同一客观事实,即 A 点的电位比 B 点的电位高。因此,常用一个与电动势大小相等、方向相反的电压来表示电源电动势。图 1-18 所示的表示方法是电动势常用的两种表示方法。

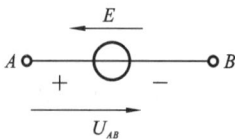

图 1-17　E 和 U_{AB} 方向的不同　　　　图 1-18　电动势的表示方法

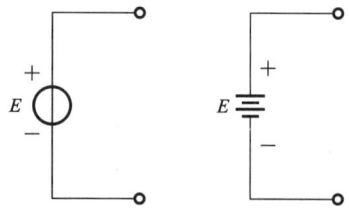

在分析和计算时,对电动势也常选取参考方向。当电动势的真实方向和参考方向相同时,电动势为正值;当电动势的真实方向和参考方向相反时,电动势为负值。图 1-19(a)所示的为电动势的真实方向,数值是 5 V,在图 1-19(b)所示的参考方向下,$E=-5$ V,在图 1-19(c)所示的参考方向下,$E=+5$ V。

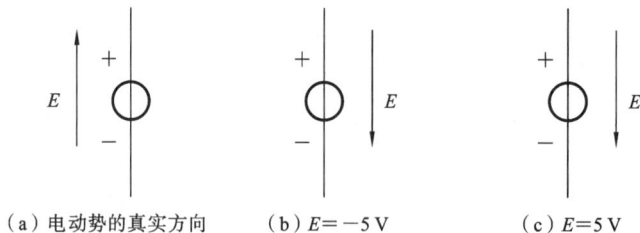

（a）电动势的真实方向　　　（b）$E=-5$ V　　　（c）$E=5$ V

图 1-19　电动势参考方向的选择

2. 电动势与电源电压的关系

对一个电源来说,既存在电动势,又存在端电压。电动势只存在于电源内部,在它的作用下,电源内部形成由负极到正极的电流,电源的正极不断地积累着大量的正电荷,负极积累着大量的负电荷,从而使电源两端产生电压,如果电源的两端有负载相连,则负载中就有电流通过。

端电压存在于电源加在外电路的两端,由电源正极指向负极。当外电路开路时,端电压的值在数值上与电动势相等。

电动势与电压是两个不同的概念,但是都可以用来表示电源正、负极之间的电位差。而且从电源对外电路表现的客观效果来看,即可用正、负极间的电动势来表示,也可用其间的电压来表示,两者既有区别又有联系。

3. 影响电压的因素

在一般电路中,电压主要受到以下几个因素的影响。

1)电阻

根据欧姆定律,电流通过电阻时会产生电压。电压与电流和电阻的大小成正比,即

$$U = I \times R$$

式中:U 为电压降;

I 为电流;

R 为电阻。

在串联电路中,电流处处相等,电阻越大,电压越大。

在并联电路中,各支路电压相等,电阻小的支路电流大。

2)电感

电感对电流的变化有阻碍作用。在交流电路中,电感会引起电压超前电流一定的相位角,从而导致电压的变化。

3)电容

电容具有存储和释放电荷的能力。在交流电路中,电容会引起电压滞后电流一定的相位角,从而对电压的变化产生影响。

4)电源内阻

电源本身存在内阻,当电路中的电流增大时,电源内阻上的电压也会增大,从而导致输出电压下降。

5)线路损耗

在长距离输电线路中,由于导线存在电阻,电流通过导线时会产生功率损耗,导致线路末端的电压下降。

总之,电路中电压下降的影响因素是复杂的,取决于电路中的元件特性、连接方式及电源特性等多种因素。

七、全电路欧姆定律的公式及其应用;电源的外特性曲线

1. 全电路欧姆定律的公式及其应用

图 1-20 所示的为最简单的闭合电路。闭合电路由两部分组成,一部分是电源外部的电路,称为外电路,包括负载和导线等;另一部分是电源内部的电路,称为内电路,如发电机的线圈、电池内的溶液等。外电路的电阻通常称为外电阻;内电路也有电阻,通常称为电源的内电阻,简称内阻。

一个由电源和负载组成的闭合电路称为全电路。闭合电路中的电流与电源电动势成正比,与电路的总电阻(负载电阻和电源内阻之和)成反比,这就是全电路欧姆定律,其公式为

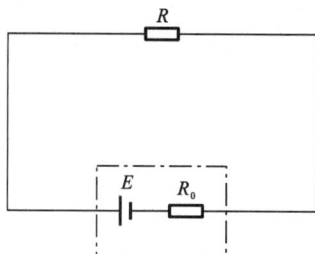

图 1-20 最简单的闭合电路

$$I = \frac{E}{R + R_0} \tag{1-10}$$

式(1-10)可改写为

$$E = R_0 I + RI \tag{1-11}$$

式中:$U' = R_0 I$ 为电源内部电压,称为内电压;

$U = RI$ 为整个外电路的电压,也为电源两端的电压,称为端电压,用 U 表示,有

$$E = U' + U \tag{1-12}$$

或

$$U = E - R_0 I \tag{1-13}$$

在理解和运用该定律时需要注意以下几点。

(1)闭合电路中形成电流的条件是必须含有电源电动势。

(2)电动势 E 和内阻 R_0 均是由电源决定的参数。电动势方向规定自负极通过电源内部指向正极。

(3)外电路电阻 R 是由外电路的结构(外电路中负载间的连接关系)决定的。当外电路的结构发生变化时,外电路电阻 R 随之发生变化,与之相应的电路中的电流、电压分配关系及功率消耗等都要发生变化。所以在运用闭合电路欧姆定律解决具体问题时,一定要注意对电路结构的分析。

(4)端电压随外电路电阻变化的规律是:当电路处于导通工作状态时,端电压随外电路电阻的增大而增大,随外电路电阻的减小而减小;当电路处于断路状态(外电路电阻增至无穷大)时,电路中电流 $I = 0$,电源内电路的电压 $U' = 0$,这时端电压最大,数值等于电源电动势,即 $U = E$;当电路处于短路状态(外电路电阻减为零)时,电路中电流 $I = E/R_0$,电源内电路的电压 $U' = E$,这时端电压最小,数值等于零,即 $U_{端} = 0$。

(5)适用条件:外电路为纯电阻电路。

2. 电源的外特性曲线

$U = E - R_0 I$ 表示电源的端电压 U 随负载电流 I 变化的关系,称为电源的外特性。在 U-I 坐标系中,用曲线描述的特性,称为电源的外特性曲线,如图 1-21 所示。

由图 1-21 可以看出,当外电阻 R 增大时,I 减小,端电压 U 将会增大;当 $R \to \infty$ 时,相当于开路,$I = 0$,$U = E$;当断路时,用电压表测得的端电压在数值上近似等于电源电动势;当 R

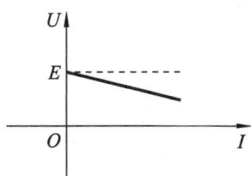

图 1-21 电源的外特性曲线

→0 时,相当于负载短路,$I = E/R$,$U \approx 0$。由于电源内阻很小,短路电流很大,很容易损坏电源,甚至引起火灾。

由以上分析可以看出,随着负载的变化,端电压也会发生相应的变化,电路中的电流也会发生变化,负载的消耗功率也会随之变化。

八、电路中能量的转换;电功和电功率的定义;电源和负载的功率计算公式;额定电流、额定电压、额定功率的概念

1. 电路中能量的转换

发电机将机械能、热能、风能及核能等转换为电能,电灯、电动机、电热毯等负载又将电能转换为光能、机械能、热能。大量事实证明:能量既不会凭空产生,也不会凭空消失,它只能从一种形式转换为另一种形式,或者从一个物体转移到另一个物体上,在转换或转移过程中,其总量保持不变,这就是能量的转换和守恒定律。

2. 电功和电功率的定义

在导体两端加上电压,导体内就建立了电场。电场力在推动电荷定向移动时要做功。设导体两端的电压为 U,通过导体截面的电荷为 q 的电场力所做的功即为电路所消耗的电能,即

$$W = qU$$

由于 $q = It$,所以

$$W = UIt$$

式中:W、U、I、t 的单位分别为 J、V、A、s。

在日常生产、生活中,常以 $kW \cdot h$(千瓦时,俗称度)作为电能的单位。

电流做功的过程实际上是电能转换为其他形式能的过程。例如,电流通过电炉做功,电能转换为热能;电流通过电动机做功,电能转换为机械能;电流通过电解槽做功,电能转换为化学能。

在一段时间内,电路产生或消耗的电能与时间的比值称为电功率。电功率用 P 表示,有

$$P = \frac{W}{t} \tag{1-14}$$

或

$$P = UI \tag{1-15}$$

式中:P、U、I 的单位分别为 W、V、A。

可见,一段电路上的电功率与这段电路两端的电压和电路中的电流成正比。

3. 电源和负载的功率计算公式

电源将其他形式的能转换为电能,其转换功率称为电源的功率,即

$$P=EI=\frac{E^2}{R+R_0} \tag{1-16}$$

电源的功率在内、外电路上的分配如下。

(1)电源分配给内电路的功率称为电源内阻的消耗功率,即

$$P_内=R_0I^2=\frac{R_0E^2}{(R+R_0)^2} \tag{1-17}$$

(2)电源分配给外电路的功率称为电源输出功率,即

$$P_出=UI=\frac{RE^2}{(R+R_0)^2} \tag{1-18}$$

(3)电源输出功率随外电路电阻变化的规律是:当外电路电阻小于电源内阻时,电源输出功率随外电路电阻的增大而增大;当外电路电阻大于电源内阻时,电源输出功率随外电路电阻的增大而减小;当外电路电阻等于电源内阻时,电源输出功率最大,其值为

$$P_m=\frac{E^2}{4R_0} \tag{1-19}$$

4. 额定电流、额定电压、额定功率的概念

负载上通常标明它的电功率和电压,称为负载的额定功率和额定电压。如果给它加上额定电压,它的功率就是额定功率,这时负载正常工作。根据额定功率和额定电压,可以很容易计算出负载的额定电流。

九、负载获得最大功率的条件及计算公式

将 $U=E-R_0I$ 两端同乘以 I,得

$$UI=EI-R_0I^2$$

式中:EI 为电源的总功率;

UI 为电源的输出功率;

R_0I^2 为内电路的消耗功率。

由以上讨论可知:电流随负载电阻的增大而减小,端电压随负载电阻的增大而增大,电源输出给负载的功率 $P=UI$ 也和负载电阻有关。那么,在什么情况下电源的输出功率最大呢?

若负载为纯电阻,则

$$P=UI=RI^2=R\left(\frac{E}{R+R_0}\right)^2=\frac{RE^2}{(R+R_0)^2} \tag{1-20}$$

利用 $(R+R_0)^2=(R-R_0)^2+4RR_0$,式(1-20)可以写为

$$P=\frac{RE^2}{(R-R_0)^2+4RR_0}=\frac{E^2}{\frac{(R-R_0)^2}{R}+4R_0} \tag{1-21}$$

电源的电动势 E 和内阻 R_0 与电路无关,可以看成恒量。因此,当 $R = R_0$ 时,式(1-21)中分母的值最小,整个分式的值最大,这时电源的输出功率就达到最大值,该最大值为

$$P_m = \frac{E^2}{4R} = \frac{E^2}{4R_0} \tag{1-22}$$

由此可得到结论:当电源给定而负载可变,外电路的电阻等于电源的内阻时,电源的输出功率最大,这时称为负载与电源匹配。

图 1-22 中的曲线表示电动势和内阻均恒定的电源的输出功率 P 随负载电阻 R 的变化关系。

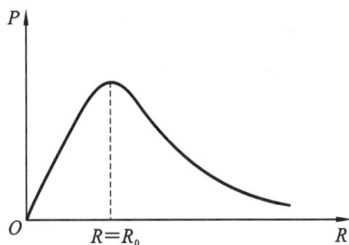

图 1-22 P 与 R 的关系

当电源的输出功率最大时,由于 $R = R_0$,所以,在负载和内阻上的消耗功率相等,这时电源的效率不高,只有 50%。在电工技术中,根据具体情况,有时要求电源的输出功率尽可能大一些,有时又要求在保证一定功率输出的前提下尽可能提高电源的效率,这就要根据实际需要选择适当电阻值的负载,以充分发挥电源的作用。

第二节　直流电路分析

一、电阻串联、并联电路中电流、电压和功率的分配规律;电阻串联、并联和混联时总电阻、电流及电压的计算公式;电阻串联、并联电路的应用;直流电源串联、并联时等效电动势及等效内阻的计算公式

1. 电阻串联、并联电路中电流、电压和功率的分配规律

1)电阻串联、并联电路中电流的分配规律

串联电路中各处的电流相等;并联电路中的总电流等于各支路的电流之和。

2)电阻串联、并联电路中电压和功率的分配规律

(1)电阻串联电路中电压的分配规律。

图 1-23 所示的为电阻的串联电路。

在串联电路中,由于

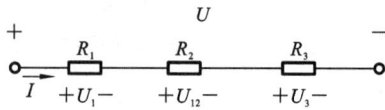

图 1-23 电阻串联电路

$$I=\frac{U_1}{R_1}, \ I=\frac{U_2}{R_2}, \ \cdots, \ I=\frac{U_n}{R_n} \tag{1-23}$$

所以

$$\frac{U_1}{R_1}=\frac{U_2}{R_2}=\cdots=\frac{U_n}{R_n}=I \tag{1-24}$$

这就是说，串联电路中各个电阻两端的电压与它的电阻值成正比。当只有两个电阻串联时，可得

$$I=\frac{U}{R_1+R_2} \tag{1-25}$$

所以

$$U_1=R_1I=\frac{R_1}{R_1+R_2}U \tag{1-26}$$

$$U_2=R_2I=\frac{R_2}{R_1+R_2}U \tag{1-27}$$

这就是两个电阻串联时的分压公式。

（2）电阻串联电路中功率的分配规律。

串联电路中某个电阻 $R_k(k=1,2,\cdots,n)$ 的消耗功率为 $P_k=U_kI$，而 $U_k=R_kI$。因此

$$P_k=R_kI^2$$

各个电阻的消耗功率分别为

$$P_1=R_1I^2, P_2=R_2I^2, \cdots, P_n=R_nI^2 \tag{1-28}$$

所以

$$\frac{P_1}{R_1}=\frac{P_2}{R_2}=\cdots=\frac{P_n}{R_n}=I^2 \tag{1-29}$$

这就是说，串联电路中各个电阻的消耗功率与及其电阻值成正比。

（3）电阻的并联电路如图 1-24 所示，并联电路中各支路两端的电压相等。

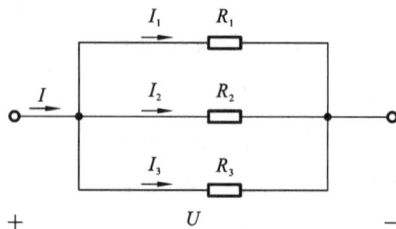

图 1-24 电阻的并联电路

（4）并联电路中功率的分配规律。

并联电路中某个电阻 $R_k(k=1,2,\cdots,n)$ 的消耗功率为

$$P_k = UI_k$$

有

$$I_k = \frac{U}{R}$$

所以

$$P_k = \frac{U^2}{R_k}$$

因此，各个电阻的消耗功率分别为

$$P_1 = \frac{U^2}{R_1}, P_2 = \frac{U^2}{R_2}, \cdots, P_n = \frac{U^2}{R_n} \tag{1-30}$$

所以

$$P_1 R_1 = P_2 R_2 = \cdots = P_n R_n = U^2 \tag{1-31}$$

这就是说，并联电路中各个电阻的消耗功率与其电阻值成反比。

2. 电阻串联、并联和混联时总电阻、电流及电压的计算公式

1）串联电路的总电阻

用 R 表示串联电路的总电阻，I 表示电流，根据欧姆定律，如图 1-24 所示，电阻的并联电路中有

$$U = RI, \quad U_1 = R_1 I, \quad U_2 = R_2 I, \quad U_3 = R_3 I \tag{1-32}$$

因为

$$U = U_1 + U_2 + U_3 \tag{1-33}$$

所以

$$R = R_1 + R_2 + R_3 \tag{1-34}$$

这就是说，串联电路的总电阻等于各个电阻之和。

2）并联电路的总电阻

用 R 表示并联电路的总电阻，U 表示电压，根据欧姆定律，在图 1-24 所示电阻的并联电路中有

$$I = \frac{U}{R}, \quad I_1 = \frac{U}{R_1}, \quad I_2 = \frac{U}{R_2}, \quad I_3 = \frac{U}{R_3} \tag{1-35}$$

因为

$$I = I_1 + I_2 + I_3 \tag{1-36}$$

所以

$$\frac{1}{R} = \frac{1}{R_1} + \frac{1}{R_2} + \frac{1}{R_3} \tag{1-37}$$

这就是说，并联电路的总电阻的倒数，等于各个电阻倒数之和。

3）混联电路的总电阻

在实际电路中，既有电阻的串联，又有电阻的并联，称为电阻的混联。对混联电路的计

算,只要按串联和并联的计算方法,一步一步地把电路化简,最后就可以求出总的等效电阻。但是,在有些混联电路中,往往很难分辨各电阻之间的连接关系,进而难以分析电路。这时就要根据电路的具体结构,按照串联、并联电路的定义和性质进行电路的等效变换,使其电阻之间的关系一目了然,后再进行计算。

（1）进行电路的等效变换可采用下面两种方法。

① 利用电流的流向分析电路,画出等效电路图。

② 利用电路中各等电位点分析电路,画出等效电路图。

（2）由以上分析与计算可以看出,混联电路计算的一般步骤如下。

① 首先对电路进行等效变换,也就是对不容易分辨串联、并联关系的电路进行整理。

② 先计算各电阻串联和并联的等效电阻,再计算电路总的等效电阻。

③ 由电路总的等效电阻和电路的端电压计算电路的总电流。

④ 根据电阻串联的分压关系和电阻并联的分流关系,逐步推算出各部分的电压与电流。

4）电阻串联、并联电流及电压的计算

（1）串联电路流过各个电阻的电流相同,即

$$I_1 = I_2 = I_3 = \cdots = I \tag{1-38}$$

串联电路两端的总电压等于各个电阻两端的电压之和,即

$$U = U_1 + U_2 + U_3 + \cdots + U_n \tag{1-39}$$

而且各个电阻两端的电压与其电阻成正比,即

$$U_1 : U_2 : U_3 : \cdots : U_n = R_1 : R_2 : R_3 : \cdots : R_n \tag{1-40}$$

若只有两个电阻串联,则

$$U_1 = \frac{R_1}{R_1 + R_2} U, \quad U_2 = \frac{R_2}{R_1 + R_2} U \tag{1-41}$$

（2）并联电路中各个电阻两端的电压相同,即

$$U_1 = U_2 = U_3 = \cdots = U_n = U \tag{1-42}$$

通过并联电路的总电流等于各支路电流之和,即

$$I = I_1 + I_2 + I_3 + \cdots + I_n \tag{1-43}$$

而且通过各支路的电流与支路电阻成反比,即

$$I_1 : I_2 : I_3 : \cdots : I_n = \frac{1}{R_1} : \frac{1}{R_2} : \frac{1}{R_3} : \cdots : \frac{1}{R_n} \tag{1-44}$$

3. 电阻串联、并联电路的应用

1）电阻串联电路的应用

（1）采用电阻串联的形式获得大电阻。例如,2 个 5 Ω 的电阻串联后可得到 1 个 10 Ω 的电阻。

（2）采用电阻串联的形式构成分压器。如图1-25 所示,使同一电源能产生不同电压。

（3）当负载的额定电压低于电源电压时,可采用串联电阻的方法。

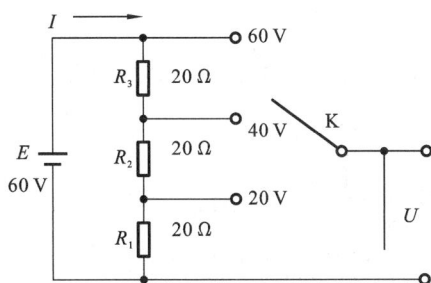

图 1-25　分压器

例 1-1　有一盏指示灯,额定电压为 $U_1 = 6$ V,正常工作时,额定电流为 $I = 0.5$ A。采用怎样的方法将其接入 $U = 12$ V 的电路,使它能正常工作?

解　因为电源电压超过指示灯的额定电压,所以,需要串联一个电阻 R_2 以分担多余的电压,如图 1-26 所示。由于串联电路总电压等于各分电压之和,可得

$$U_2 = U - U_1 = 12 \text{ V} - 6 \text{ V} = 6 \text{ V}$$

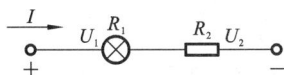

图 1-26　分担电压的电路

当指示灯正常工作时,因为 R_1 与 R_2 串联,由串联电路电流处处相等可知:R_1 的电流也为 0.5 A,即

$$R_2 = \frac{U_2}{I} = \frac{6}{0.5} \ \Omega = 12 \ \Omega$$

（4）应用串联电阻的分压作用改装电压表。

常用的电压表都是由小量程的检流计 G 改装而成的。电流表 G 的电阻 R_G 通常称为检流计的内阻,指针偏转到最大刻度时的电流称为满偏电流。检流计 G 通过满偏电流时,加在它两端的电压 U_G 称为满偏电压,由欧姆定律可得

$$U_G = I_G R_G$$

由此可见,在检流计刻度盘上直接标出电流所对应的电压值,检流计就改装为电压表,可以用来测量电压。

但检流计的满偏电压和满偏电流一般都很小。如果电压超过满偏电压,电流也就超过满偏电流,不但指针指示超出刻度范围,而且还会烧坏检流计。所以不能用检流计测量较大电压。若给检流计串联一个分压电阻 R,如图 1-27 所示,该电阻就分担了一部分电压,这样就扩大了电压量程,把检流计改装为电压表。

2）电阻并联电路的应用

（1）凡是额定工作电压相同的负载都采用并联的工作方式。这样每个负载都是一个可独立控制的回路,任意负载的正常启动或关断都不影响其他负载的正常使用。

（2）通过并联来获得较小的电阻。例如,某电路需要一个 6 Ω 的电阻,但目前只有几个

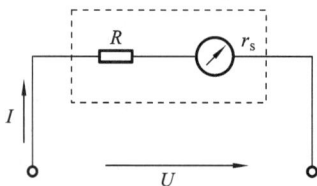

图 1-27　检流计改装为电压表

120 Ω 的电阻，可用两个 120 Ω 的电阻并联来满足要求。

（3）应用并联电阻的分流作用来改装电流表。

我们知道，检流计 G 的满偏电流很小，不能用来测量较大电流。如果给检流计并联一个分流电阻 R_0，该电阻就分担了大部分电流，这样就扩大了检流计的量程。

4. 直流电源串联、并联时等效电动势及等效内阻的计算公式

1）直流电源串联时，等效电动势及等效内阻的计算公式

把第一个电池的负极和第二个电池的正极相连，再把第二个电池的负极和第三个电池的正极相连，这样依次连接起来，就组成了串联电池组。如图 1-28 所示，电池组的正极是第一个电池的正极，电池组的负极是最后一个电池的负极。

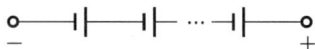

图 1-28　串联电池组

设串联电池组由 n 个相同的电动势为 E、内阻为 r 的电池组成。当串联电池组开路时，每个电池两极间的电压在数值上都等于电源的电动势，所以每个电池正极的电位都比负极的电位高 E；又因为前一个电池的正极和后一个电池的负极相连，电位相等，所以串联电池组正极的电位比负极的电位高 nE。这样我们就得到：串联电池组的电动势等于各电动势之和，即

$$E_串 = nE \tag{1-45}$$

串联电池组的总内阻等于各电池的内阻之和，即

$$r_串 = nr \tag{1-46}$$

设负载电阻为 R，则电路中的电流为

$$I = \frac{E_串}{R + r_串} = \frac{nE}{R + nr} \tag{1-47}$$

串联电池组可得到较高的电动势，适用于单个电池不能满足负载电压需要的情况。因为串联电路电流相同，所以负载的额定电流必须小于单个电池允许通过的最大电流。

2）直流电源并联时，等效电动势及等效内阻的计算公式

把电动势相同的电池的所有的正极连接在一起，组成电池组的正极；将其所有的负极连接在一起，组成电池组的负极，这样的电池组称为并联电池组，如图 1-29 所示。

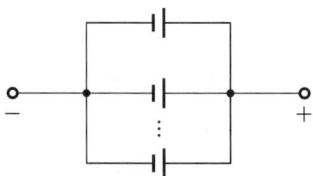

图 1-29 并联电池组

设并联电池组由 n 个相同的电动势为 E、内阻为 r 的电池组成。当并联电池组开路时，电池组的端电压等于 E，也就是说并联电池组的电动势等于每个电池的电动势，即

$$E_{并} = E \tag{1-48}$$

由于电池是并联的，电池的内阻也是并联的，并联电池组的内阻等于每个电池内阻的 $1/n$，即

$$r_{并} = \frac{r}{n} \tag{1-49}$$

设负载电阻为 R，则电流为

$$I = \frac{E_{并}}{R + r_{并}} = \frac{E}{R + \dfrac{r}{n}} \tag{1-50}$$

虽然并联电池组不能提高输出电压，但输出的电流是流过每个电池的电流之和，所以整个电池组可以提供较强的电流。因此，当负载的额定电流大于单个电池的最大允许电流时，可以采用并联电池组供电。

二、理想电压源；理想电流源

1. 理想电压源

理想电压源是理想电路元件，其端电压总保持恒定值或是关于时间的函数，而与输出电流无关。例如，若电池的内阻为零，那么无论流过的电流为何值，电池的电压恒等于电池的电动势，这时电池就是一个理想电压源。理想电压源有以下两个特点：

(1) 电压是一个定值或是关于时间的函数，与流过的电流无关；

(2) 流过的电流由电压源和与之相连的外电路共同决定。

理想电压源模型如图 1-30 所示。理想电压源的伏安特性曲线是一条不通过原点且与电流轴平行的直线，其端电压不随电流变化，如图 1-31 所示。

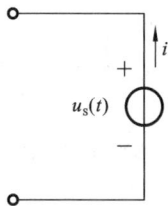

图 1-30 理想电压源模型

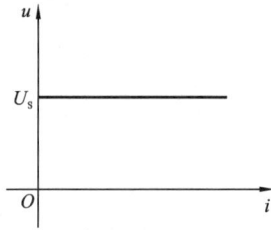

图 1-31　理想电压源的伏安特性曲线

电压源的电流是由电压源本身及与之相连的外电路共同决定的。电压源中电流的实际方向可以从电压的高电位流向低电位,也可以从低电位流向高电位。前者电压源吸收功率,后者电压源释放功率。

2. 理想电流源

理想电流源是理想电路元件。它向外输出的电流为恒定值或为给定的时间函数,与其端电压无关。

理想电流源有以下两个基本特点:

(1) 理想电流源向外输出的电流为恒定值或是关于时间的函数,而与端电压无关;

(2) 它的电压由电流源和与之相连的外电路共同决定。

理想电流源模型如图 1-32 所示,箭头的方向为电流源电流的参考方向。当电流源电流为常量时,其伏安特性曲线是一条与电压轴平行的直线,如图 1-33 所示。

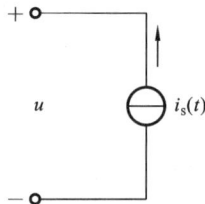

图 1-32　理想电流源模型

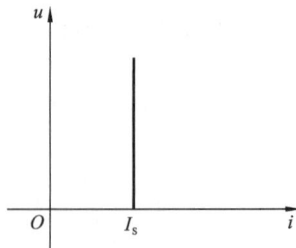

图 1-33　理想电流源的伏安特性曲线

电流源端电压由电流源及与之相连的外电路共同决定。电流源端电压的实际方向可与电流源电流实际方向相反,也可与电流源电流的实际方向相同。

三、节点、支路、回路和网孔；基尔霍夫电流定律和基尔霍夫电压定律；支路电流法

1. 节点、支路、回路和网孔

1）支路

由一个或几个元件首尾相接构成的无分支电路称为支路。在同一支路内，流过所有元件的电流都相等。

在图 1-34 中，R_1 和 E_1 构成一条支路，R_2 和 E_2 构成一条支路，R_3 是另一条支路。

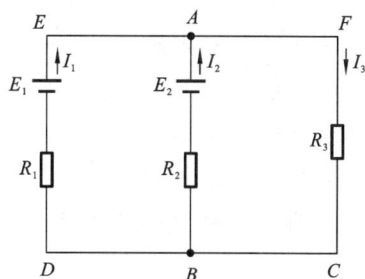

图 1-34　复杂电路

2）节点

3 条或 3 条以上支路汇聚的点称为节点，如图 1-35 中的节点 A。

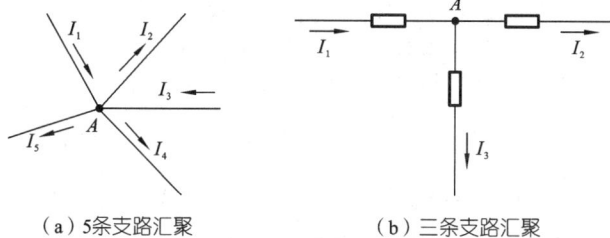

（a）5条支路汇聚　　　　　　　　（b）三条支路汇聚

图 1-35　节点 A

3）回路

电路中任意闭合路径称为回路。图 1-34 中的 $CDEFC$、$AFCBA$、$EABDE$ 都是回路。

4）网孔

内部不含支路的回路称为网孔。图 1-34 所示的电路有 2 个网孔 $AFCBA$、$EABDE$。

2. 基尔霍夫电流定律和基尔霍夫电压定律

基尔霍夫定律是确定电路中有关量的基本定律，它包括基尔霍夫电流定律（KCL）和基尔霍夫电压定律（KVL）。

1）基尔霍夫电流定律

基尔霍夫电流定律又称为节点电流定律，它指出：在任意时刻，流入任意节点的电流之和等于流出该节点的电流之和。如果规定流入节点的电流为正，则流出节点的电流为负，因此，基尔霍夫电流定律可写为

$$\sum I = 0 \tag{1-51}$$

即在任意时刻,在电路中的任意一个节点上,电流的代数和等于零。

例如,对于图 1-34 中的节点 A,有

$$I_1 + I_3 = I_2 + I_4 + I_5$$

$$I_1 + (-I_2) + I_3 + (-I_4) + (-I_5) = 0$$

基尔霍夫电流定律通常用于节点,同时对包围几个节点的闭合面也是适用的,即通过任意一个闭合面的电流的代数和也等于零。

基尔霍夫电流定律是电流连续性原理的体现,它给出了交汇在同一节点的各支路上的电流相互间的约束关系,与元件的性质无关。它不仅适用于线性电路,也适用于非线性电路;不仅适用于直流电路,也适用于交流电路。

基尔霍夫电流定律可以推广应用于任意假定的闭合面。如图 1-36 所示,假定一个闭合面 S 把电阻 R_3、R_4 及 R_5 所构成的三角形电路全部包围起来,则流入闭合面 S 的电流应等于从闭合面 S 流出的电流,故得

$$I_1 + I_2 = I_3$$

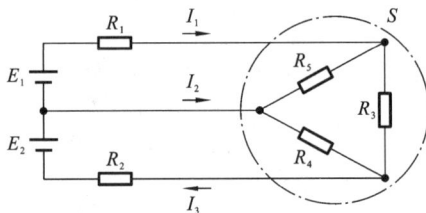

图 1-36 闭合面

应该指出,在分析与计算复杂电路时,往往事先不知道每个支路中电流的实际方向,这时可以任意假定各个支路中电流的方向,称为参考方向,并且标在电路图上。在计算结果中,若某个支路中的电流为正值,则表明原来假定的电流方向与实际的电流方向一致;若某个支路的电流为负值,则表明原来假定的电流方向与实际的电流方向相反。

2) 基尔霍夫电压定律

基尔霍夫电压定律又称为回路电压定律,它指出:在任意时刻,在电路中,当从某点出发绕回路一周回到该点时,各段电压的代数和等于零,即

$$\sum U = 0 \tag{1-52}$$

如图 1-37 所示,回路 $a—b—c—d—e—a$ 表示复杂电路若干回路中的一个回路(其他部分没有画出来),若各支路都有电流(方向如图 3-37 所示),当沿 $a—b—c—d—e—a$ 绕行时,电位有时升高,有时降低,但不论怎样变化,当从 a 点绕闭合回路一周回到 a 点时,a 点的电位不变。

对于图 1-37 所示的电路,有

$$U_{ac} = R_1 I_1 + E_1$$

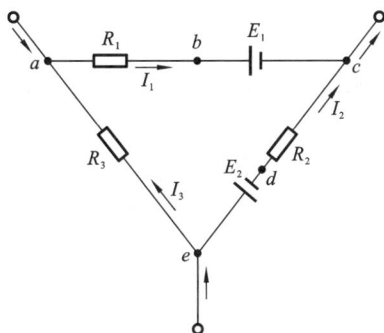

图 1-37 基尔霍夫电压定律

$$U_{ce} = -R_2 I_2 - E_2$$
$$U_{ea} = R_3 I_3$$

沿整个闭合回路的电压应为

$$U_{ac} + U_{ce} + U_{ea} = 0$$

即

$$R_1 I_1 + E_1 - R_2 I_2 - E_2 + R_3 I_3 = 0$$

移项后得

$$R_1 I_1 - R_2 I_2 + R_3 I_3 = -E_1 + E_2$$

由此可知:在任意时刻的闭合回路中,各电阻上电压的代数和等于各电源电动势的代数和,即

$$\sum RI = \sum E \tag{1-53}$$

这就是基尔霍夫电压定律的另一种形式。

应该指出:① 当使用式(1-52)时,电动势是作为电压来处理的,所以电压、电动势均集中在等式一边。各电阻上电压的正、负号是这样规定的:在绕行过程中,如果从元件的正极到负极,则此电压为正;反之,如果从元件的负极到正极,则此电压为负。② 当使用式(1-53)时,电压与电动势分别写在等式两边,那么电压的正、负号和①相同,而电动势的正、负号则恰好相反,也就是当绕行方向与电动势的方向(由电源负极通过电源内部指向正极)一致时,该电动势为正,反之则为负。

基尔霍夫电压定律实质上是能量守恒定律的体现,它给出了同一回路所有部分电压相互间的约束关系。与基尔霍夫电流定律一样,它也具有普遍适用性。

3. 支路电流法

不论简单的或复杂的电路,基尔霍夫定律(包含基尔霍夫电流定律和基尔霍夫电压定律)都是适用的,复杂电路则可以利用支路电流法求解。

对于一个复杂电路,先假设各支路的电流方向和回路方向,再根据基尔霍夫定律列出方程来求解支路电流的方法,称为支路电流法,其步骤如下。

(1) 假定各支路电流的方向和回路方向。对于具有两个以上电动势的回路,通常取数值较大的电动势的方向为回路方向,电流方向也可参照此法来假设。

（2）利用基尔霍夫电流定律列出节点电流方程。一个具有 b 条支路、n 个节点（$b>n$）的复杂电路,需列出 b 个方程来求解。由于 n 个节点只能列出 $n-1$ 个独立方程,这样还缺少 $b-(n-1)$ 个方程,可由基尔霍夫电压定律来补足。

（3）利用基尔霍夫电压定律列出回路电压方程。

（4）代入已知数,求解联立方程,并求出各支路的电流。

（5）确定各支路电流的实际方向。当支路电流的计算结果为正值时,其方向和假设方向相同;当计算结果为负值时,其方向和假设方向相反。

四、电桥平衡的定义、条件和应用

电桥包括直流电桥和交流电桥两大类。

直流电桥是一种比较式的测量仪器,主要用于测量电阻,其灵敏度和准确度都很高。它分为直流单臂电桥和直流双臂电桥两种。直流单臂电桥又称为惠斯通电桥,它适用于测量范围为 $1\ \Omega\sim1\ M\Omega$ 的电阻。直流双臂电桥又称为开尔文电桥,它适用于测量电阻较小（$1\ \Omega$ 以下）的电阻,如短导线电阻、大中型电机的电阻和变压器绕组的电阻等。

交流电桥有麦克斯韦-维恩电桥:这是一种利用已知电容来测量电感的电桥。海氏电桥:利用电容来测量电感,并适用于测量高 Q 值的电感线圈。电容电桥:这是一种最简单的测量电容的电桥,也是某些成品电桥所选用的测量电容的桥路（如 QS18A 型万能电桥）。

如图 1-38 所示,在惠斯通电桥中,电桥由电源、电阻、检流计组成。以惠斯通电桥为例,四个电阻 R_1、R_2、R_3 和 R_4 连接成四边形,这四条边称为电桥的四个臂,即四个桥臂由四个电阻构成。其中桥的一侧相连的两个电阻为比例臂,另一侧相连的两个电阻为测量臂,相连的电阻分别为可调标准电阻和被测电阻。四边形的一条对角线上连有检流计,接于 CD 之间的检流计 G 称为"桥"。

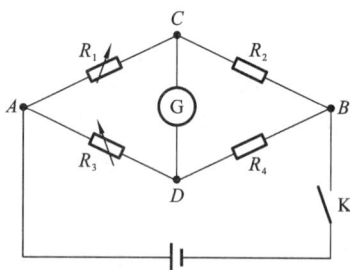

图 1-38 惠斯通电桥

通过调节比例臂与测量臂使电桥平衡,此时电桥两端的电位相等,通常在桥路间连接一个灵敏的检流计进行检测。当检流计无电流时,桥臂间存在稳定的比例关系,从而计算出被测电阻。基于此电桥平衡原理,还可以测量电感、电容、复合阻抗等。

当电桥达到平衡时,显然可调标准电阻和被测电阻的比例与比例臂两个电阻的比例相等。

一般情况下，R_1、R_3 两端的电压不相等，即 C、D 两点间的电势不等，G 中有电流通过。改变 R_1、R_3 的大小，可以使 $U_{AC}=U_{AD}$，这时 G 中无电流通过。当 G 中无电流时电桥的状态称为平衡状态。当 $R_1 \times R_4=R_2 \times R_3$ 时，对角线支路上的电流为零，电桥处于平衡状态。

具体来说，对于由电阻 R_1、R_2、R_3、R_4 组成的电桥，当满足 $R_1 \times R_4=R_2 \times R_3$ 时，电桥处于平衡。

当 $R_1=2\ \Omega$，$R_2=4\ \Omega$，$R_3=4\ \Omega$，$R_4=8\ \Omega$ 时，有

$$R_1 \times R_4=2 \times 8\ \Omega=16\ \Omega$$
$$R_2 \times R_3=4 \times 4\ \Omega=16\ \Omega$$

因为 $R_1 \times R_4=R_2 \times R_3$，所以此时电桥处于平衡状态。在这种平衡状态下，如果在电桥的对角线的两端连接一个电阻，由于电位差为零，就不会有电流流过该电阻，也不会在该电阻上产生电压。

第二章

电容、电感及变压器

第一节　电容、电感

一、电容、电感实物

几种常用电容如图 2-1 所示。电容是电路的基本元件之一,在各种电子产品和电力设备中有着广泛的应用。

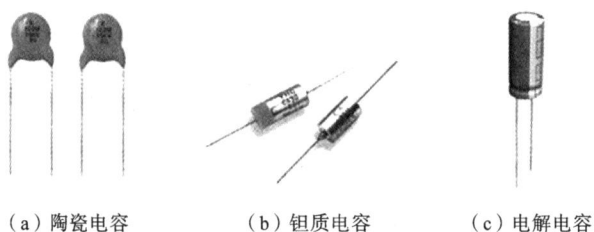

（a）陶瓷电容　　（b）钽质电容　　（c）电解电容

图 2-1　几种常用电容

将一个长导体绕成线圈,线圈内空心或放置一个铁心,即成为电感。电感也有固定电感和可变电感之分,如图 2-2 所示。可变电感是通过铁心的移动改变其电感的。

常见电感如图 2-3 所示。

二、电容的概念、伏安特性、主要参数及其应用;电感的概念、伏安特性、主要参数及其应用

1. 电容的概念、伏安特性、主要参数及其应用

1）电容的概念

电容可以理解为一种用于存储电荷和电场能量的"容器"。电容的结构如图 2-4 所示,实

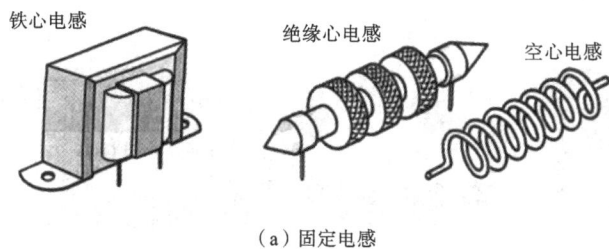

铁心电感　　　　绝缘心电感　　　　空心电感

（a）固定电感

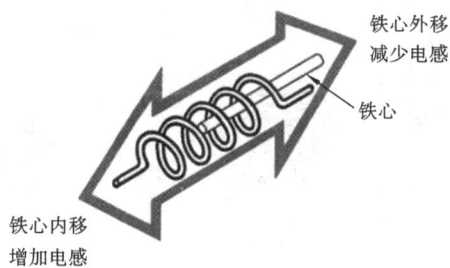

铁心外移
减少电感

铁心

铁心内移
增加电感

（b）可变电感

图 2-2　电感

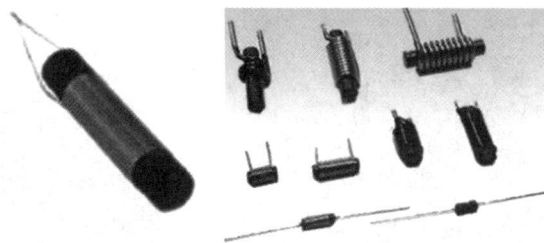

（a）普通电感

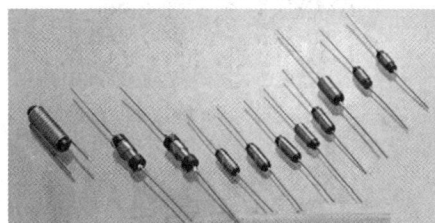 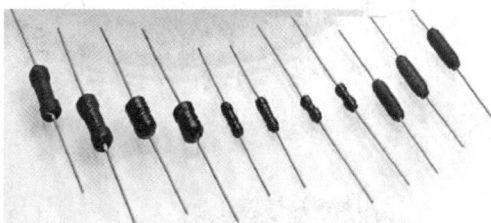

（b）棒形电感

 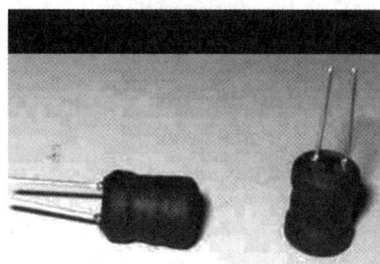

（c）立式电感　　　　　　　　（d）"工"字形电感

图 2-3　常见电感

（e）贴片电感

（f）环形电感

（g）固定电感

（h）可调电感

（i）共模电感

（j）共模滤波电感

续图 2-3

（k）保护型电感

（l）色环电感

续图 2-3

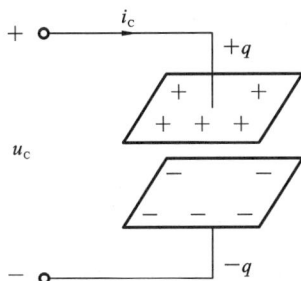

图 2-4 电容的结构

际电容是由两块被不同介质（如云母、绝缘纸、电解质等）隔开的金属极板组成。在极板上加以电压后,极板上分别聚集等量的正、负电荷,并在介质中建立电场而使电容具有电场能量。将电容与电路断开,电荷可继续聚集在极板上,电场继续存在。所以电容是一种能存储电荷或者说存储电场能量的元件。

理想电容是一种电荷与电压相互约束的元件,用 C 表示,电容的图形符号如图 2-5 所示。

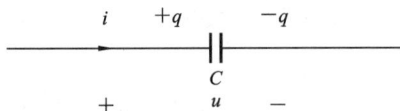

图 2-5 电容的图形符号

电容量是衡量电容存储电荷能力大小的一个物理量,简称电容,通常也用符号 C 表示。这样“电容”一词既表示电容元件本身,又表示其参数。

2）电容的伏安特性

电路理论关心的是电路的端电压与电流的关系。如图 2-5 所示,电压 u 的参考方向由正极板指向负极板,有

$$q = Cu \tag{2-1}$$

当电流 i 与电压 u 参考方向一致时，可得

$$i = \frac{\mathrm{d}q}{\mathrm{d}t} = C\frac{\mathrm{d}u}{\mathrm{d}t} \tag{2-2}$$

说明如下：

（1）电容两端的电压不能发生突变；

（2）电容上的电流与电压变化率成正比，即电容是动态的。

实际上，当电容上的电压发生变化时，自由电荷并没有通过两极间的绝缘介质。当电压升高时，电荷向电容的极板聚集，形成充电电流；当电压降低时，电荷离开极板，形成放电电流。电容交替进行充电和放电，电路中就有了电流，表现为电流"通过"了电容。当电压不随时间变化时，电流为零。故电容在直流情况下其两端电压恒定，流过电容的电流为 0，相当于开路，或者说电容有隔断直流（简称隔直）的作用。

3）电容的主要参数

电容的主要参数有两个，即电容和工作电压。

（1）电容。

电容的计算公式为

$$C = \frac{q}{u} \tag{2-3}$$

式中：C 为电容，单位为法拉（F）；

q 为极板上所带电量，单位为库仑（C）；

u 为两极板之间的电压，单位为伏（V），参考方向规定为从正极板指向负极板。

在国际单位制中，电容的单位是法拉（F），简称法。实际应用中，由于法单位太大，所以常用的单位有微法（μF）和皮法（pF），其换算关系分别为

$$1\ \mu\mathrm{F} = 1 \times 10^{-6}\ \mathrm{F}$$

和

$$1\ \mathrm{pF} = 1 \times 10^{-12}\ \mathrm{F}$$

说明：通常电容 C 是一个常数，只与极板面积的大小、形状、两极板之间的距离和电介质有关，与电压 U 和电荷 q 无关，这种电容称为线性电容。

（2）工作电压。

通常在电容上都标有额定工作电压（也称为耐压）。在使用时，加在电容上的工作电压不得超过其耐压，否则，电容会被击穿而被损坏。

4）电容的应用

电容的图形符号如表 2-1 所示。

（1）常用电容的应用。

① 固定电容。

固定电容是固定不可变的。根据介质，电容又可分为纸介电容、云母电容、油质电容、陶瓷电容、有机薄膜电容（以聚苯乙烯薄膜或涤纶作介质）、金属化纸介电容（也称为金属膜电容）

表 2-1 电容的图形符号

名称	图形符号	名称	图形符号
一般电容	⊣⊢	可变电容	⊣⊬
极性电容	⊣⊢	微调电容	⊣⊬

和电解电容等。

② 可变电容。

可变电容可在一定范围内随意变动。它是由两组相对的金属片组成的，一组金属片是固定不动的，称为定片；另一组金属片和转轴相连接，能随意转动，称为动片。通过转动动片可改变两组金属片相对面积的大小，这样就可以改变电容了。

③ 半可变电容。

半可变电容(也称为微调电容)由两片或两组小型金属片(中间夹有介质)组成。用螺钉调节金属片之间的距离，可在很小范围内改变电容。

必须注意，极性电容有正、负极之分，它的极性是固定的，使用时不能把极性接错，否则会使它损坏。

（2）超级电容。

超级电容是介于传统电容和充电电池之间的一种新型储能装置。根据不同的储能机理，超级电容可以分为双电层电容和法拉第准电容两大类，双电层电容主要是通过电荷在电极板表面进行吸附来存储能量的，法拉第准电容主要是通过活性电极材料表面及表面附近发生可逆的氧化还原反应来实现对能量的存储与转换。由于制作超级电容的材料薄、表面积大，因此在同样体积条件下，超级电容更大。超级电容还具有充电速度快、使用寿命长、放电能力强、功率密度高等优点，因此在新能源汽车等领域具有广泛的应用前景。

2. 电感的概念、伏安特性、主要参数及其应用

1）电感的概念

电感用于描述电路中存储磁场能量的电磁物理现象。线圈有电流流过时，在线圈内部形成磁通，并由磁场存储能量。如图 2-6 所示，线圈中的电流 i 产生的自感磁通 Φ 与 N 匝线圈交链，则自感磁通链为

$$\Psi = N\Phi$$

当自感磁通与电流 i 的参考方向符合右手螺旋定则(也称为安培定则)时，自感磁通链与电流的关系为

$$L = \frac{\Psi}{i} \tag{2-4}$$

式中：Ψ 为线圈的自感磁通链，单位为韦(Wb)；

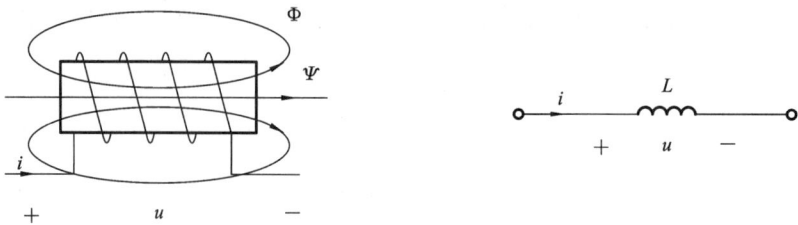

图 2-6 电感

i 为通过线圈的电流,单位为安(A);

L 为线圈的自感系数,又称为线圈的电感,简称为自感或电感,单位为亨(H)。

"电感"一词是既表示元件,又表示元件参数大小。电感是电感线圈的一个重要参数,反映了电感存储磁场能量的能力。

在国际单位制中,电感的单位为亨(H),常用的单位还有毫亨(mH)和微亨(μH),它们之间的换算关系分别为

$$1 \text{ mH} = 1 \times 10^{-3} \text{ H}$$

和

$$1 \text{ } \mu\text{H} = 1 \times 10^{-6} \text{ H}$$

2) 电感的伏安特性

如图 2-6(b)所示,根据电磁感应定律,当磁通链 Ψ 随时间变化时,线圈的感应电动势为

$$u = \frac{\mathrm{d}\Psi}{\mathrm{d}t} = L \frac{\mathrm{d}i}{\mathrm{d}t} \tag{2-5}$$

式中:u 为自感电压,单位为伏(V);

L 为自感系数,单位为亨(H);

i 为通过电感线圈的电流,单位为安(A);

$\mathrm{d}i/\mathrm{d}t$ 为电流的变化率,单位为安/秒(A/s)。

说明如下:

(1) 流过电感的电流不能跳变;

(2) 电感上的电压与电流的变化率成正比,即电感是动态的。

当电流 i 为直流稳态电流时,$\mathrm{d}i/\mathrm{d}t = 0$,故 $u = 0$,这说明电感在直流稳态电路中相当于短路,有通直流的作用。

3) 电感的主要参数

电感的主要参数包括电感量、线圈的品质因数、固有电容及额定电流等。在电感线圈上除了要标明它的电感外,还要标明它的额定工作电流。因为电流过大会使线圈过热或使线圈受到过大的电磁力的作用而发生机械变形,甚至烧毁。

4) 电感的应用

电感在电力、电气电路中应用广泛,镇流器铁心电感线圈是各种荧光电路的重要元件,在荧光灯启动时,由于电路中的电流突然变化,使线圈感应到高压,促使灯管放电。在荧光

灯正常工作时,镇流器可限制流过灯管的电流,保护荧光灯。在交流电路或许多电气设备中,常用电抗器(如交流电焊机的电抗器,它也是由铁心和线圈组成的,有的把铁心做成可移动式的;有的把线圈做成抽头式的)调节电流。

在非电量的测量中,使用带铁心的电感线圈,当线圈磁介质发生变化时,线圈的电感会发生变化,电感的变化可转换为电压或电流信号,然后通过这个信号反映非电量的变化。引起磁介质变化的因素有气隙 δ 与气隙截面积 A 和空气磁导率 μ。如图 2-7 所示,如果衔铁上下移动,气隙就会发生变化,气隙截面积也会发生变化;在螺线管中插入或拔出铁心可改变介质的磁导率,最终使电感发生变化。

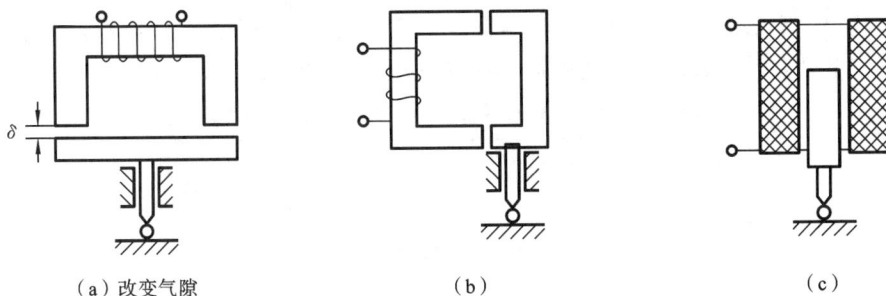

(a)改变气隙 　　　　　(b) 　　　　　(c)

图 2-7　电感在位移测量中的应用

三、电容的标注方法;电感的标注方法

1. 电容的标注方法

电容单位有 F、μF、mF、nF、pF。通常元件上会有一些标注,根据标注可以更好地学习和使用该元件,接下来介绍电容的四种标注方法。

1)电阻直接标注法

电阻在出厂以前就在电阻表面印上了厂家标志、型号、标称容量、允许误差范围、额定工作电压等。图 2-8 所示的为电阻直接标注法。采用电阻直接标注法时,有的电容上不标注单位,其识读方法为:凡是电容量>1 的电容为无极性电容,其单位为 pF,如 5100 表示电容为 5100 pF。凡是电容量<1 的电容,其单位为 μF,如 0.01 表示电容为 0.01 μF。凡是极性电容,其单位为 μF,如 100 表示电容为 100 μF。

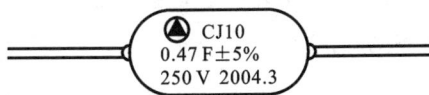

CJ10
0.47 F±5%
250 V 2004.3

图 2-8　电阻直接标注法

2)电阻文字符号标注法

这种方法又称为字母数字混合标注法。只将电容量的整数部分标注在其单位符号前面,电容的小数部分标注在其单位符号后面,单位符号所占位置就是小数点的位置。例

如，4n7 表示电容量为 4.7 nF 或是 4700 pF(见图 2-9)。如果在数字前面标注 r 字样，则电容量为零点几微法，如 r33 的电容量就为 0.33 μF。

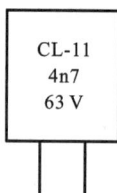

```
┌──────────┐
│ CL-11    │
│ 4n7      │
│ 63 V     │
└──────────┘
```

图 2-9　电阻文字符号标注法

再如，用 2～4 位数字和一个字母表示标称电容量，其中数字表示有效数值，字母表示数值的单位。字母有时既表示单位也表示小数点，如表 2-2 所示。

表 2-2　电阻文字符号标注法中数字和字母的含义

文字符号	含义	文字符号	含义	文字符号	含义
33m	33×10^3 μF=33000 μF	47n	47×10^{-3} μF=0.047 μF	3μ3	3.3 μF
5n9	5.9×10^3 pF=5900 pF	2p2	2.2 pF	μ22	0.22μF

3) 电容色环标注法

电容色环标注法的原则与电阻相同，颜色的意义与电阻基本上相同，其单位为 pF(见图 2-10)。

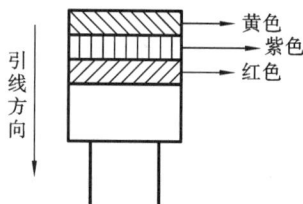

引线方向 → 黄色　紫色　红色

图 2-10　电容色环标注法

4) 电容数字标注法

这种方法又称为数码法，用三位数字表示。第一、第二位是有效数字，第三位表示有效数字后面零的个数，单位为 pF，比如，223 表示电容量为 22×10^3 pF，但是当第三位为 9 时表示有效数字乘以 10^{-1}，如 479 表示电容量为 47×10^{-1} pF=4.7 pF。电容数字标注法的含义如表 2-3 所示。

表 2-3　电容数字标注法的含义

数字	含义	数字	含义
102	10×10^2 pF=1000 pF	221	22×10^1 pF=220 pF
224	22×10^4 pF=220000 pF=0.22 μF	473	47×10^3 pF=47000 pF=0.047 μF

2. 电感的标注方法

电感的基本单位单位有亨（H）、mH、μH，彼此之间换算关系分别为

$$1\ H=1\times10^3\ mH$$

和

$$1\ H=1\times10^6\ \mu H$$

那么电感有哪些标注方法呢？

1）电感直接标注法

如图 2-11 所示，电感直接标注法是指在小型固定电感的外壳上直接用文字标注电感的主要参数，如电感、允许偏差、额定电流等。电感直接标注法可以一目了然地看出其标称电感。

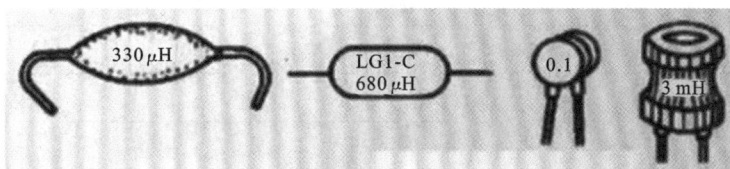

图 2-11　电感直接标注法

2）电感文字符号标注法

电感文字符号标注法是由数字和文字符号组成的，按照一定的规律把电感的标称值和偏差值标注在电感上，这种方法通常用在一些小功率电感上，当单位为 μH 或 nH 时，分别用"R"或"n"表示小数点。图 2-12 所示的为电感文字符号标注法，其电感分别为 0.91 μH、2.2 μH 和 0.47 μH。

图 2-12　电感文字符号标注法

3）电感色环标注法

电感色环标注法与电阻色环标注法类似，都是用不同颜色的色环标注在元件上。采用电感色环标注法时，一般露出电感体本色较多的一端为末环，它的另一端就是第一环，用色环标注在电阻上的单位为欧姆（Ω），在电感上的单位则为微亨（μH），一般有三环和四环，前 2 位数字是有效数字，第 3 位是倍率，如果有第 4 位则该位表示误差。标称电感的色码编码表示如表 2-4 所示。

电感色环标注法多见于插件色环电感，图 2-13 所示的为采用色环标注法标注的电感。

有些固定电感采用色标表示标称电感和允许偏差,这种固定电感称为色码电感。电感上字母表示误差的含义如表 2-5 中所示。

表 2-4 标称电感的色码编码表示

颜色	标称电感/μH			
	第一环	第二环	倍数	误差
黑色		0	1	±20%
棕色		1	10	—
红色		2	100	—
橙色		3	1000	—
黄色		4	—	—
绿色		5	—	—
蓝色		6	—	—
紫色		7	—	—
灰色		8	—	—
白色		9	—	—
金色		10	0.1	±5%

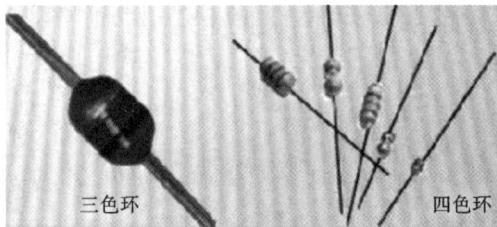
（a）实物图

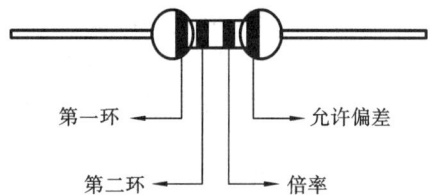
（b）示意图

图 2-13 色环标注法标注的电感

表 2-5 电感上字母表示误差的含义

字母	允许误差/(%)	字母	允许误差/(%)	字母	允许误差/(%)
Y	±0.001	W	±0.05	G	±2
X	±0.002	B	±0.1	J	±5
E	±0.005	C	±0.25	K	±10
L	±0.01	D	±0.5	M	±20
P	±0.02	F	±1	N	±30

4）电感数字标注法

电感数字标注法采用三位数字表示，前两位数字表示电感的有效数字，第三位数字表示零的个数，单位为 μH。多见于小功率贴片式电感上面。如果电感中有小数点，则用"R"表示，并占一位有效数字。如图 2-14 所示的"330"表示该电感为 33 μH。

图 2-14　电感数字标准法

第二节　储能元件和耗能元件

一、储能元件和耗能元件的概念和区别

储能元件具有存储能量的能力，能够将电能或其他形式的能量暂时存储起来，并在需要时释放能量。常见的储能元件如电容和电感。电容可以存储电场能量，电感可以存储磁场能量。它们在电路中的能量变化是可逆的，即在一定条件下能够将存储的能量回馈给电路。

耗能元件则是在电路中会消耗电能的元件，即将电能或其他形式的能量转换为热能、光能等其他不可回收的能量形式的元件。例如，当电流通过电阻时，电能会转换为热能，这种能量转换是不可逆的，被消耗的能量无法再回收到电路中。

从数学角度来看，储能元件的电压与电流关系通常是微分或积分形式，而耗能元件的电压与电流关系符合欧姆定律，呈线性关系。

总之，储能元件能够存储和释放能量，而耗能元件只能消耗能量。

二、储能元件——电容；储能元件——电感；耗能元件——电阻

最常见的储能元件是电容和电感及化学电池。含有储能元件的电路，从一种稳态变换到另一种稳态必须要经历一段时间，这个变换过程就是电路的过渡过程。产生过渡过程的原因是能量不能跃变。

电容是储能元件，电流流入它时在两极板之间以电荷形式存储起来。在交流电路中，平

均功率为零,也就是无功率消耗、无能量消耗,只有能量的转换,所以电容为储能元件。电容存储的是电荷。

电感存储的是磁能,空心电感的能量主要存储于电感线圈自身的材料,有芯电感的能量主要存储于磁性材料。

电阻是耗能元件,电流通过它时因发热而消耗能量。

1. 储能元件——电容

电容吸收的能量以电场能量的形式存储于元件中。端电压为 u 的电容中存储的电场能量为

$$W_C = \frac{1}{2}Cu^2 \qquad (2\text{-}6)$$

式中:W_C 为电容上存储的电场能量,单位为焦耳(J);

$\quad u$ 为电容上的瞬时电压,单位为伏(V);

$\quad C$ 为电容,单位为法拉(F)。

假定在 t_1 时刻电容的瞬时电压为 $u(t_1)$,在 t_2 时刻电容的瞬时电压为 $u(t_2)$,则在 $t_1 \sim t_2$ 范围内,电容所吸收的电场能量为

$$W_C = \frac{1}{2}Cu^2(t_2) - \frac{1}{2}Cu^2(t_1) \qquad (2\text{-}7)$$

说明:① 当 $u(t_2) > u(t_1)$ 时,表明电容从外部电路吸收能量,并以电场形式存储能量(充电);

② 当 $u(t_2) < u(t_1)$ 时,表明电容将原先存储的电场能量向外部电路释放能量(放电)。

电容具有存储电场能量的能力,所以电容为储能元件。

2. 储能元件——电感

电感吸收的能量以磁场能量的形式存储于元件中。电流为 i 的电感中存储的磁场能量为

$$W_L = \frac{1}{2}Li^2 \qquad (2\text{-}8)$$

式中:W 为电感存储的磁场能量,单位为焦耳(J);

$\quad L$ 为自感系数,单位为亨(H);

$\quad i$ 为电感上瞬时电流,单位为安(A)。

假定在 t_1 时刻电感的瞬时电流为 $i(t_1)$,在 t_2 时刻电感的瞬时电流为 $i(t_2)$,则在 t_1 至 t_2 范围内,电感所吸收的磁场能量为

$$W_L = \frac{1}{2}Li^2(t_2) - \frac{1}{2}Li^2(t_1) \qquad (2\text{-}9)$$

说明:① 当 $i(t_2) > i(t_1)$ 时,表明电感从外部电路吸收能量,并以磁场能量的形式存储能量;② 当 $i(t_2) < i(t_1)$ 时,表明电感将原先存储的磁场能量向外部电路释放能量。电感具有存储磁场能量的能力,所以电感为储能元件。

3. 耗能元件——电阻

电阻是反映消耗电能这一物理性能的理想元件。

在讨论各种理想元件的性能时,重要的是要确定电压与电流之间的关系。欧姆定律就反映了任意时刻电阻的这种约束关系。在电压与电流的关联参考方向下,欧姆定律表达式为

$$u = iR \qquad\qquad (2\text{-}10)$$

在直流电路中,欧姆定律表达式应为

$$U = IR \qquad\qquad (2\text{-}11)$$

式中:R 为电阻。

若电阻 R 与其工作电压或电流无关,它就是一个常数,那么这样的电阻称为线性电阻。线性电阻在电路中的符号如图 2-15(a)所示。在 u-i 坐标平面上画出的电阻的电压与电流的关系曲线称为该元件的伏安特性曲线,简称伏安特性,线性电阻的伏安特性曲线是一条通过原点的直线,如图 2-15(b)所示。

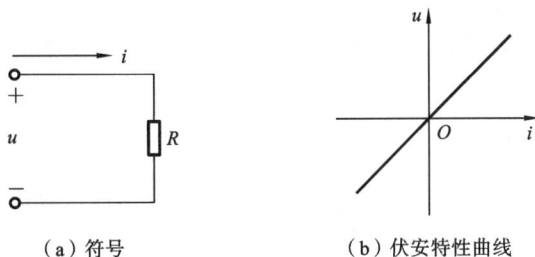

（a）符号   （b）伏安特性曲线

图 2-15 线性电阻及其伏安特性曲线

图 2-15(b)所示的伏安特性曲线说明:在关联参考方向下,电阻上的电压与电流总是同号的,由 $P = UI$ 可知,其功率 P 总是正值,即电阻总是在消耗功率,所以,电阻是耗能元件。

第三节 磁通、磁感应强度的概念

一、磁通

磁场不仅有方向性,而且在磁场内各处磁性的强弱是不相同的,靠近磁极处磁场最强,远离磁极磁场就渐渐变弱。

在磁场中,磁通量(简称磁通)Φ 的大小就是垂直穿过某一截面 S 的磁力线总数,它的单位为韦,符号为 Wb。

二、磁感应强度

磁感应强度是描述磁场强弱和方向的物理量,是矢量,常用符号 **B** 表示,国际通用单位为特斯拉,符号为 T。磁感应强度也称为磁通量密度或磁通密度。在物理学中,磁场的强弱使用磁感应强度来表示,磁感应强度越大,表示磁场越强;磁感应强度越小,表示磁场越弱,如图 2-16 所示。

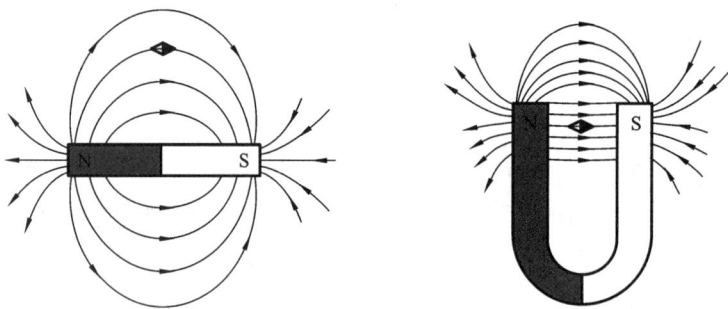

图 2-16 磁感应强度

在均匀的磁场中,磁感应强度在数值上等于通过与磁场方向垂直的单位面积上的磁通,即

$$B = \frac{\phi}{S} \tag{2-12}$$

第四节 电磁感应现象、楞次定律的内容及应用

一、电磁感应现象

电磁感应现象又称为磁电感应现象,是指闭合电路的一部分导体在磁场中进行切割磁力线运动,导体中产生电流的现象。这种利用磁场产生电流的现象称为电磁感应现象,产生的电流称为感应电流。

二、楞次定律的内容及应用

楞次定律:感应电流产生的磁通总是阻碍原磁通的变化。通电螺线管的感应电流方向可用楞次定律判定。

应用楞次定律的具体步骤是:首先判断原磁场方向及变化趋势;其次根据楞次定律确定感应磁通方向;最后根据感应磁通方向,用右手定则判定感应电流的方向。

右手定则:伸开右手,使拇指与其余四指垂直,且在同一平面上,让磁力线垂直穿过手心,拇指指向导体运动方向,其余四指指向就是感应电流的方向,如图 2-17 所示。

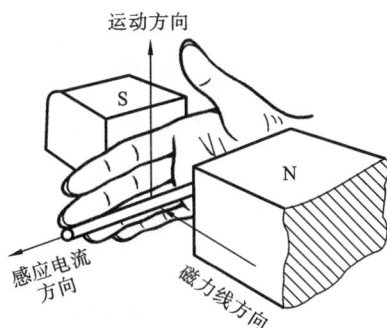

图 2-17 右手定则

第五节 电容充、放电电路的工作特点

将电容的两个极板与电源连接并合上开关,在电源的作用下,电荷做定向运动,形成电流,如图 2-18(a)所示(正电荷向电容的上极板运动,负电荷向电容的下极板运动)。当正电荷到达电容的上极板(负电荷到达电容的下极板)时,由于两极板之间为绝缘的电介质,不能继续运动,便在电容的极板上聚集,使电容的两极板带上等量的异种电荷,如图 2-18(b)所示。

使电容的极板带电的过程称为充电。电容在充电过程中使两极板带电,便在两极板之间的电介质内形成电场,两极板之间便有了电压。随着两极板带电量的增加,两极板之间的电压升高,当两极板之间的电压与电源两端的电压相等时,电容的充电就结束了,如图 2-18(c)所示。充电结束后,电路中便没有电荷做定向运动了,电流 I 为"0",电容两极板所带的电量也不再改变。

电容在充电时,电流为什么会由大变小,最后变为零呢? 这是由于刚充电的一瞬间,电容的极板和电源之间存在着较大的电压,所以,开始充电时电流较大。随着电容极板上电荷的积聚,两者之间的电压逐渐减小,电流也就越来越小了。

当两者之间不存在电压时,电流为零,即充电结束。

用一根导线将充电后的电容的两极板连接起来,电容带正电的极板上的正电荷沿导线向带负电的极板运动,就形成了电流 I,如图 2-18(d)所示。正电荷到达带负电的极板后与负电荷复合,使电容两极板所带的电量减少,如图 2-18(e)所示。

使电容的极板所带电量减少并消失的过程称为放电。电容在放电过程中,随着极板所带电量的减少,两极板之间的电压降低。当两极板所带的电量为"0"时,放电结束,如图 2-18(f)所示。放电结束后,电路中没有电荷做定向运动了,电流 I 为"0",电容两电极之间的电压也为"0"。

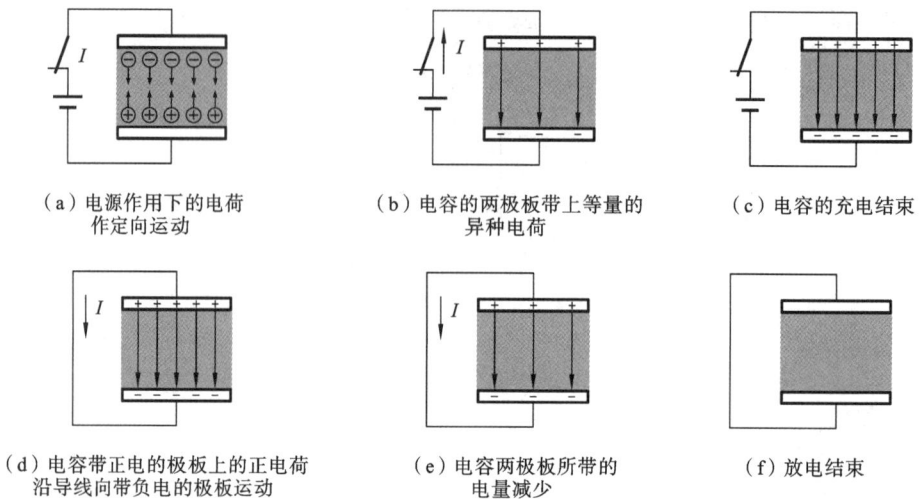

（a）电源作用下的电荷　　　　（b）电容的两极板带上等量的　　　　（c）电容的充电结束
　　　作定向运动　　　　　　　　　　异种电荷

（d）电容带正电的极板上的正电荷　　（e）电容两极板所带的　　　　（f）放电结束
　　沿导线向带负电的极板运动　　　　　电量减少

图 2-18　电容在电路中的作用

在电容放电过程中,电容两极板之间的电压使回路中有电流产生。开始时这个电压较大,因此,电流较大,随着电容极板上正、负电荷的不断中和,两极板之间的电压越来越小,电流也就越来越小。放电结束,电容两极板上的正、负电荷全部中和,两极板之间就不存在电压了,因此,电路中的电流为零。

电容在充电和放电的过程中,形成的电流并非由电荷直接通过电容中的介质形成。电容充电时,电流做功,将电能转换为电场能量存储在电容中;电容放电时,电流做功,将存储在电容中的电场能量转换为其他形式的能。

电容在充电过程中,电容两极板之间的电压升高,电路中存在充电电流;电容在放电过程中,电容两极板之间的电压减小,电路中存在放电电流;电容在充电或放电结束时,电容两极板之间的电压不再变化,电路中就没有电流了。由此可见,电容接入电路,电路中有没有电流,不是看电容两极板之间有没有电压,而是看电容两极板之间的电压有没有变化。

电容接入电路,电路中电流的大小与电压的变化快慢成正比,电容两极板之间的电压变化越快,电路中的电流越大。将电容连接在电压的大小和方向都不变化的直流电路中,充电过程中两极板之间的电压变化,使得电路中有电流;充电结束,两极板之间的电压没有变化,电路中就没有电流了。在充电过程中所用的时间极短,所以,在直流电路中接入电容时,电路中没有电流。

将电容连接在电压的大小和方向都在不断变化的交流电路中,充电过程中两极板之间的电压不断升高,电路中有电流;当电路电压低于电容两极板之间的电压时,电容放电,电路中有电流;当电压方向改变时,电容反方向充电,电路中有电流。所以,在交流电路中接入电容时,电路中有电流。

通过对电容充放电过程的分析,可以得到这样的结论:当电容极板上所存储的电荷发生变化时,电路中就有电流流过;若电容器极板上所存储的电荷恒定不变,则电路中就没有电流流过。

第六节 磁场、磁力线、磁极的概念及特性

一、磁场

磁性是指物体吸引铁磁性物质的性质。磁现象的电本质是:所有磁现象都可以归结为电流之间通过磁场发生的相互作用。

两个电荷之间的相互作用力,不是在电荷之间直接发生的,而是通过电场传递的。同样,磁极之间相互作用的磁力,也不是在磁极之间直接发生的,而是通过磁场传递的。磁极在其周围的空间中产生磁场,磁场对处在其中的磁极有磁场力的作用。磁场跟电场一样,也是一种特殊物质,具有力和能的性质。

二、磁力线

在磁场中可以利用磁力线来形象地表示各点的磁场方向。磁力线就是在磁场中画出的一些曲线,在这些曲线上,每点的切线方向都跟该点的磁场方向相同,如图 2-19 所示。

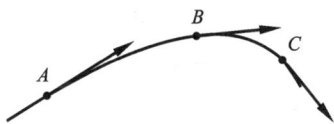

图 2-19 磁力线

因此,可以得出如下结论。

(1) 磁力线是为了形象地研究磁场而人为假想的曲线,为形象、直观、方便地研究磁场提供了依据。

(2) 磁力线在磁体的外部都是从 N 极通向 S 极,在磁体的内部则是从 S 极通向 N 极,这样便形成了一条闭合曲线。

(3) 磁力线密集的地方磁场强,稀疏的地方磁场弱。

(4) 磁力线上所画的箭头表示磁力线的指向,而不是磁场方向。磁力线上任意一点的切线方向才是该点的磁场方向。

(5) 磁力线在空间不能相交,通过磁场中的任意一点总能而且只能画出一条磁力线。

(6) 匀强磁场的磁力线是一些分布均匀的平行直线。

三、磁极

磁极是磁体上磁性最强的部分。

磁极具有以下特性。

（1）指向性。

在水平面内自由转动的磁体，静止时总是一端指南，一端指北，指南的一端称为南极（S极），指北的一端称为北极（N极）。

（2）同名磁极相互排斥，异名磁极相互吸引。

例如，N极和N极靠近时，就会互相排斥，N极和S极靠近时，就则会互相吸引。

（3）磁极处的磁场强度最大。

在研究磁场和电磁现象时，磁极的概念具有重要意义，它是理解电磁学相关原理和现象的基础。例如，在研究电动机、发电机等设备的工作原理时，磁极的作用不可或缺。

第七节　电磁感应定律的内容

在电磁感应现象中产生的电动势称为感应电动势。产生感应电动势的那段导体，如切割磁力线的导线和磁通变化的线圈，就相当于电源，感应电动势的方向和感应电流的方向相同。

在磁感应强度为 B 的匀强磁场中，如果长度为 l 的导线以速度 v 运动，运动方向与磁力线的方向成 θ 角，切割磁力线的导线中就会产生感应电动势 E，由实验与理论推导可知：

$$E = Blv\sin\theta \tag{2-13}$$

如果利用 $\Delta\Phi = \Phi_2 - \Phi_1$ 表示线圈在 $\Delta t = t_2 - t_1$ 时间内磁通的改变量，那么感应电动势为

$$E = \frac{\Delta\Phi}{\Delta t} \tag{2-14}$$

式（2-14）表明线圈中感应电动势的大小与穿过线圈的磁通的变化率成正比，这个规律称为法拉第电磁感应定律。法拉第电磁感应定律对所有的电磁感应现象都成立，因此，它表示了确定感应电动势大小的最普遍的规律。

如果线圈有 N 匝，由于每匝线圈内的磁通变化都相同，而整个线圈又是由 N 匝线圈串联组成的，那么线圈中的感应电动势就是单匝线圈时的 N 倍，即

$$E = N\frac{\Delta\Phi}{\Delta t} = \frac{\Delta\Psi}{\Delta t} \tag{2-15}$$

式中：$N\Phi$ 为磁通与线圈匝数的乘积，通常称为磁通链，用 Ψ 表示。

第八节　电流的磁场、安培力及电磁力

电流的磁场是由电流产生的磁场，其方向可以用安培定则（也称为右手螺旋定则）来

判断。

对于直线电流,右手握住导线,让伸直的拇指所指的方向与电流方向一致,弯曲的四指所指的方向就是磁力线环绕的方向。

对于环形电流和通电螺线管,让右手弯曲的四指与环形电流或通电螺线管的电流方向一致,伸直的拇指所指的方向就是环形导线轴线上磁力线的方向或通电螺线管内部磁场的方向。

安培力是指通电导线在磁场中受到的力。安培力的大小为

$$F = BIL\sin\theta \tag{2-16}$$

式中:B 为磁感应强度;

I 为电流强度;

L 为导线在磁场中的有效长度;

θ 为电流方向与磁场方向的夹角。

安培力的方向可以用左手定则来判断:伸开左手,让磁力线垂直穿过手心,四指指向电流方向,那么大拇指所指的方向就是安培力的方向。

需要注意的是,一定要保证磁力线垂直穿过手心,并且四指指向电流方向。如果电流方向或磁场方向发生变化,那么电磁力的方向也会相应改变。

在实际应用中,准确运用左手定则可以帮助我们清晰地判断出电磁力的方向,从而更好地理解和解决相关问题。

在式(2-16)中,当 $\theta = 90°$ 时,安培力最大,$F = BIL$;当 $\theta = 0°$ 时,安培力为零。

第九节 电容串联、并联的等效电容的计算方法

一、电容的基本连接方式——串联、并联

电容的并联如图 2-20 所示。

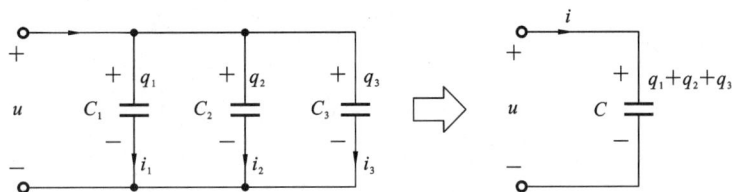

图 2-20 电容的并联

电容并联时具有以下几个特点。

(1) 各元件端电压相等,等于电路两端总电压,即

$$U_1 = U_2 = U_3 = U$$

（2）电容组存储的总电量等于各电容存储电量之和,即

$$q = q_1 + q_2 + q_3$$

式中

$$q_1 = C_1 U$$

$$q_2 = C_2 U$$

$$q_3 = C_3 U$$

（3）电容组的总电容(等效电容)等于各电容的电容量之和,即

$$C = \frac{q}{U} = \frac{q_1 + q_2 + q_3}{U} = C_1 + C_2 + C_3$$

（4）流过电容的电流与电容量成正比,即

$$i_1 : i_2 : i_3 = C_1 : C_2 : C_3$$

当两个电容并联时,有

$$i_1 = \frac{C_1}{C_1 + C_2} i \tag{2-17}$$

$$i_2 = \frac{C_2}{C_1 + C_2} i \tag{2-18}$$

注意:通过电容的并联方式增大电容时,应考虑电容组的耐压。任意电容的耐压均不能低于外加的工作电压,否则该电容就会被击穿,所以,并联电容组的耐压等于并联电容中耐压的最小值。

二、电容的串联

电容的串联如图 2-21 所示。

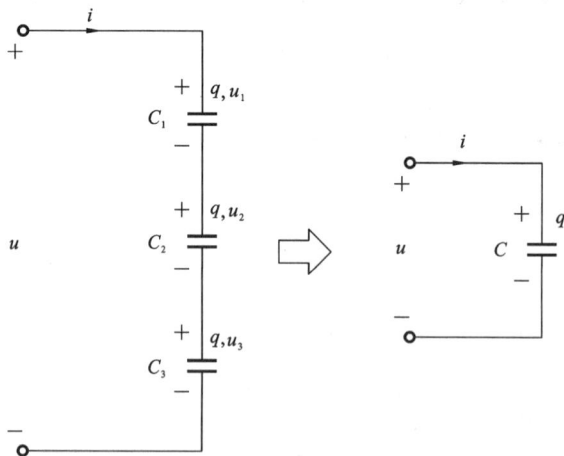

图 2-21 电容的串联

电容串联时具有以下几个特点。

（1）各电容存储的电量相等,等于电容组存储的总电量 q,即

$$q = q_1 = q_2 = q_3$$

（2）总电压等于各电压之和，即

$$U = U_1 + U_2 + U_3$$

（3）串联时，等效电容的倒数等于各电容的倒数之和，即

$$\frac{1}{C} = \frac{u}{q} = \frac{u_1 + u_2 + u_3}{q} = \frac{1}{C_1} + \frac{1}{C_2} + \frac{1}{C_3}$$

当两个电容串联时，等效电容为

$$C = \frac{C_1 C_2}{C_1 + C_2}$$

（4）各串联电容的电压与串联电容的电容量的倒数成正比，即

$$u_1 : u_2 : u_3 = \frac{1}{C_1} : \frac{1}{C_2} : \frac{1}{C_3}$$

当两个电容串联时，有

$$u_1 = \frac{C_2}{C_1 + C_2} u$$

$$u_2 = \frac{C_1}{C_1 + C_2} u$$

注意：通过电容的串联方式减小电容时，应考虑工作电压的选择。

求出每个电容允许存储的电量（电容乘以耐压），选择其中最小电量（用 q_{min} 表示）作为电容组存储电量的极限值，电容组的耐压就等于该电量除以总电容，即

$$U = \frac{q_{min}}{C}$$

第十节　变压器的工作原理，变压器的变压比、变流比的计算

变压器是利用互感原理工作的电磁装置，它的图形符号如图 2-22 所示，T 是它的文字符号。

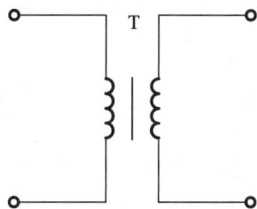

图 2-22　变压器的图形符号

变压器主要由铁心和绕组两部分组成。

铁心是变压器的磁路通道。为了减小涡流和磁滞损耗,铁心是用磁导率较高而且相互绝缘的硅钢片叠装而成的。在频率为 50 Hz 的变压器中,每个钢片的厚度为 $0.35 \sim 0.5$ mm。通信用的变压器常用铁氧体或其他磁性材料作为铁心。

按照铁心构造形式,铁心可分为心式铁心和壳式铁心两种。心式铁心呈口字形,绕组包着铁心,如图 2-23(a)所示;壳式铁心呈日字形,铁心包着绕组,如图 2-23(b)所示。

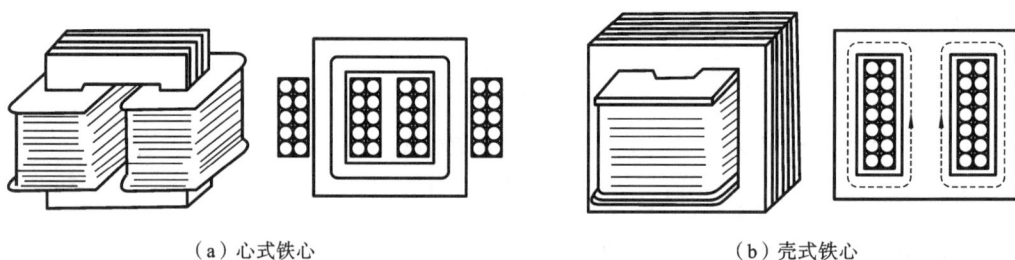

(a) 心式铁心　　　　　　　　　　　　　　(b) 壳式铁心

图 2-23　变压器铁心构造形式

绕组是变压器的电路部分。绕组使用具有良好绝缘性能的漆包线、纱包线或丝包线绕成。在工作时,与电源相连的绕组称为一次绕组,与负载相连的绕组称为二次绕组。通常电力变压器将电压较低的绕组安装在靠近铁心柱的内层,电压较高的绕组则安装在外面。用于频率较高的变压器,为了减少漏磁通和分布电容,常需要把一次绕组、二次绕组分为若干部分,分格分层并交叉绕制。绝缘是变压器制造的主要问题,绕组的区间和层间都要绝缘性能良好,绕组和铁心、不同绕组之间更要绝缘性能良好。为了提高变压器的绝缘性能,在制造时还要进行预处理(浸漆、烘烤、灌蜡、密封等)。

除此之外,为了起到电磁屏蔽作用,变压器往往要用铁壳或铝壳罩起来,一次绕组、二次绕组间往往加一层金属静电屏蔽层,大功率的变压器中还要有专门的冷却设备等。

变压器通过磁路将一次绕组的电压、电流等转换到二次绕组,如图 2-24 所示。现实中的变压器都存在铁心损耗、导线的铜损耗和漏磁通,在分析中一般可以忽略这些影响(把其看作理想变压器)。

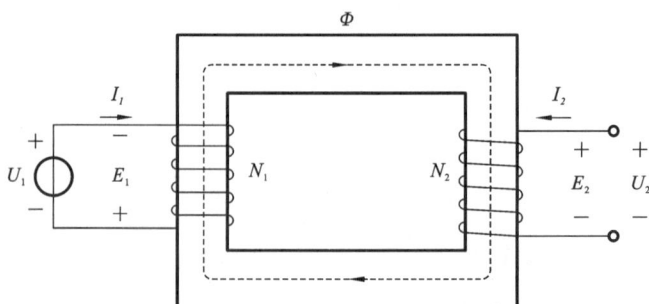

图 2-24　变压器原理图

一、变换交流电压

在变压器的一次绕组接入交流电压后，一次绕组、二次绕组中就产生了交变的磁通，若漏磁通略去不计，可以认为穿过一次绕组、二次绕组的交变磁通相同，因而这两个绕组的每匝线圈所产生的感应电动势相等。设一次绕组的匝数为 N_1，二次绕组的匝数为 N_2，穿过它们的磁通为 Φ，那么一次绕组、二次绕组中产生的感应电动势分别为

$$E_1 = N_1 \frac{\Delta \Phi}{\Delta t}$$

$$E_2 = N_2 \frac{\Delta \Phi}{\Delta t}$$

由此可得

$$\frac{E_1}{E_2} = \frac{N_1}{N_2}$$

在一次绕组中，感应电动势起着阻碍电流变化的作用，与加在一次绕组两端的电压 U_1 相平衡。一次绕组的电阻很小，如果略去不计，则有

$$U_1 \approx E_1$$

二次绕组相当于一个电源，感应电动势 E_2 相当于电源的电动势。二次绕组的电阻也很小，略去不计，二次绕组就相当于无内阻的电源，因而二次绕组两端的电压 U_2 等于感应电动势 E_2，即 $U_2 \approx E_2$。因此得到

$$\frac{U_1}{U_2} \approx \frac{N_1}{N_2} = K$$

式中：K 称为变压比。

可见，变压器一次绕组、二次绕组的端电压之比等于这两个绕组的匝数比。如果 N_2 大于 N_1，U_2 就大于 U_1，变压器使电压升高，这种变压器称为升压变压器。如果 N_1 大于 N_2，U_1 就大于 U_2，变压器使电压降低，这种变压器称为降压变压器。

二、变换交流电流

由上面的分析可知，变压器能从电网中获取能量，并通过电磁感应进行能量转换，再把电能输送给负载。根据能量守恒定律，在不计变压器内部损耗的情况下，变压器的输出功率和它从电网中获取的功率相等，即

$$P_1 = P_2$$

根据交流电功率的公式

$$P = UI\cos\varphi$$

可得

$$U_1 I_1 \cos\varphi_1 = U_2 I_2 \cos\varphi_2$$

式中：$\cos\varphi_1$ 为一次绕组电路的功率因数；

$\cos\varphi_2$ 为二次绕组电路的功率因数。

φ_1 和 φ_2 通常相差很小，在实际计算中可以认为它们相等，因而可得到

$$U_1 I_1 \approx U_2 I_2$$

即

$$\frac{I_1}{I_2} \approx \frac{N_2}{N_1} = \frac{1}{K}$$

可见,变压器工作时一次绕组、二次绕组中的电流跟绕组的匝数成反比。变压器的高压绕组匝数多而通过的电流小,可用较细的导线绕制;低压绕组匝数少而通过的电流大,应当用较粗的导线绕制。

第三章

单相正弦交流电路

第一节 交流电与直流电的区别

交流电和直流电主要有以下区别。

1. 电流方向

直流电的电流方向始终保持不变,而交流电的电流方向会有周期性的改变。

2. 产生方式

直流电通常由电池等提供;交流电一般由交流发电机提供。

3. 输电效率

在远距离输电方面,交流电通过变压器可以很方便地改变电压,从而降低能量损耗,提高输电效率;直流电在长距离输电时,由于难以直接改变电压,损耗相对较大。

4. 应用场景

直流电常用于电子设备,如手机、计算机等的内部电路;交流电则广泛用于家庭、工业和商业的电力供应。

5. 波形

直流电的波形是一条直线,而交流电的波形通常是正弦波、方波或其他周期性的波形。

6. 频率

交流电有一定的频率,如我国的市电的频率为 50 Hz,即每秒完成 50 个完整的周期;直流电的频率为零。

总之,交流电和直流电各有其特点和适用范围,在不同的领域发挥着重要作用。

第二节　交流电的优点

交流电具有以下几个显著优点。

1. 易于变压

通过变压器可以方便地升高或降低电压,以适应不同的输电距离和用电需求。这使得在长距离输电时能够降低能量损耗,进而提高输电效率。

2. 广泛应用

能够为大多数家用电器和工业设备提供电力,适用范围广泛。

3. 发电成本相对较低

交流发电机的结构相对简单,制造和维护成本相对较低。

4. 易于分配和整合

在电力系统中,交流电更容易进行分配和整合,能够满足不同地区用户的需求。

5. 适应多种负载

能够适应各种不同类型的负载,包括电阻、电感和电容。

6. 便于电网互联

不同地区的交流电网可以相对容易地相互连接和协同工作,形成大规模的电力网络,提高电力供应的稳定性和可靠性。

第三节　空气断路器和漏电保护器的选用与接线方法

一、额定电压;额定电流;短路分断能力;极数;操作方式;安装方式;品牌和质量;环境条件

选用空气断路器时,需要考虑以下几个关键因素。

1. 额定电压

应确保所选空气断路器的额定电压不低于所在电路的工作电压。

2. 额定电流

根据负载电流进行选择,一般要预留一定的余量,通常额定电流为负载电流的 1.1～

1.25 倍。

3. 短路分断能力

空气断路器的额定电流必须大于电路中可能出现的最大短路电流,以保证在短路故障发生时能对其进行可靠分析。

4. 极数

根据电路的类型和要求,选择单极、双极或三极的空气断路器。

5. 操作方式

有手动操作和电动操作两种,根据实际使用需求进行选择。

6. 安装方式

常见的安装方式有固定式和抽屉式,要考虑安装空间和维护的便利性。

7. 品牌和质量

选择具有良好口碑和质量可靠的产品,以保证其性能和可靠性。

8. 环境条件

如果使用环境特殊,如高温、潮湿、多尘等,要选择相应防护等级的空气断路器。

总之,在选用空气断路器时,要综合考虑以上因素,以确保其能够满足电路的保护要求,并保证电力系统的安全稳定运行。

二、空气断路器的接线方法

空气断路器的接线方法会因其类型(如单极(1P)、二极(2P)、三极(3P)、四极(4P)等)和具体的接线方式(板后接线方式、抽屉式接线方式、插入式接线方式等)而有所不同,以下是一些常见的接线方法。

(1) 1P(单相单线)。

如图 3-1 所示,这种开关只能保护一根火线,需要与火线连接,一般适用于照明或小功率电器。

(2) 2P(一火一零)。

如图 3-2 所示,接线时按照"左零右火"的习惯进行连接,通常适用于 220 V 左右的电器。

(3) 3P、4P(三根火线或三火一零)。

如图 3-3 所示,使用火线(红色)、零线(蓝色)和地线(花色)。先正面安装开关,上端为进线,下端为出线,但地线不进开关。

注意事项如下。

在进行空气断路器接线时,务必注意以下几点。

(1) 确认电源已经断开,以确保操作安全。

(2) 选用符合规格和要求的导线,并保证其连接牢固。

(3) 严格按照产品说明书和相关电气规范进行接线。

(4) 采用板后接线方式接线时,必须严格按照制造厂的要求进行接线。

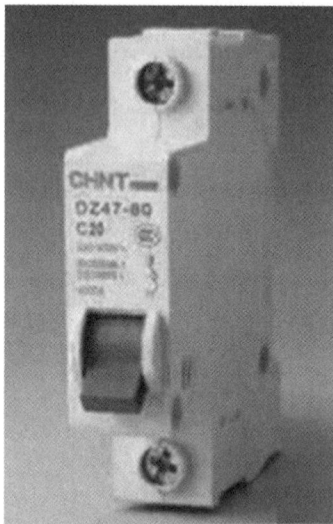

图 3-1　单极(1P)空气断路器

图 3-2　二极(2P)空气断路器

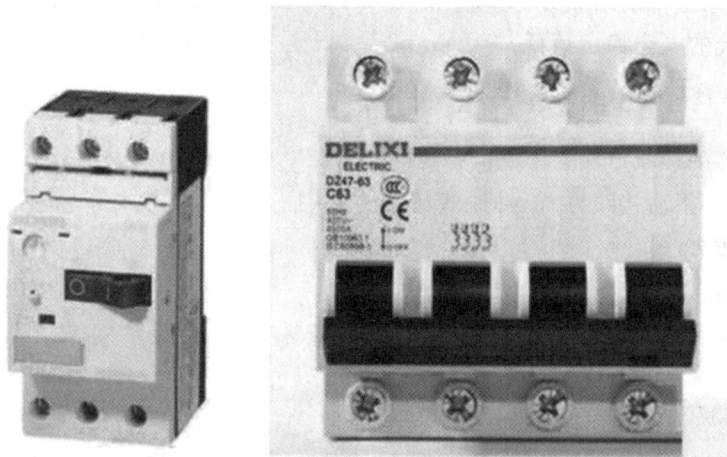

图 3-3　三、四极(3P、4P)空气断路器

（5）采用抽屉式接线方式接线时，在操作过程中要注意摇杆的转动方向，确保进出抽屉的操作方式正确。

（6）采用插入式接线方式接线时，需要先安装好空气断路器的安装座，并确保安装座已预先接上电源线和负载线。插入空气断路器时要注意将连接板上的插座与安装座上的插头对应好。

（7）在接线完成后，应进行仔细检查，确保接线无误后再通电使用。

（8）空气断路器的过载、漏电保护等参数通常在生产时已设定好，不要随意更改，以免影响其性能。

（9）要定期对空气断路器进行检查和维护，确保其正常运行。

三、漏电保护器的选用

漏电保护器又称为剩余电流断路器（RCD），是一种具有特殊保护功能（漏电保护）的空气断路器。它所检测的是剩余电流，即被保护回路内相线和中性线瞬时电流的代数和（包括中性线中的三相不平衡电流和谐波电流）。为此，RCD 的整定值，也即动作漏电电流 $I_{\Delta n}$，此值的单位为 mA，所以 RCD 不仅能十分灵敏地切断保护回路的接地故障，还能作为直接接触电击的后备保护。

选用漏电保护器时，需要重点关注以下要点。

（1）额定电压。

漏电保护器的额定电压应与线路的工作电压相匹配，以确保线路正常工作。

（2）额定电流。

根据负载的电流大小选择，一般不小于线路的最大负载电流，并适当留有余量。

（3）动作漏电电流。

根据电气线路的正常泄漏电流，选择漏电保护器的额定动作漏电电流。

选择漏电保护器的额定动作漏电电流时，应充分考虑被保护线路和设备可能发生的正常漏电流。选用的漏电保护器的额定不动作漏电电流，应小于电气线路和设备的正常漏电电流最大值的 2 倍。漏电保护器的额定电压、额定电流、短路分断能力、额定漏电电流、分断时间应满足被保护供电线路和电气设备的要求。

（4）动作漏电时间。

一般要求在 0.1 s 内，动作时间越短，保护效果越好。

（5）极数。

根据线路的相数和中性线的情况，选择合适的极数。单相 220 V 电源供电的电气设备，应选用二极二线式或单极二线式漏电保护器。三相三线制 380 V 电源供电的电气设备，应选用三极式漏电保护器。三相四线制 380 V 电源供电的电气设备或单相设备与三相设备共用的电路，应选用三极四线式或四极四线式漏电保护器。

（6）品牌和质量。

优先选择有良好口碑的产品，其质量和性能通常有保障。

（7）认证标志。

确保所选漏电保护器具有相关的认证标志，如 3C 认证等，以证明其符合国家安全标准。

（8）环境适应性。

考虑使用环境的温度、湿度、腐蚀性等因素，选择适应环境条件的漏电保护器。

综合考虑以上因素，能够帮助用户选择合适的漏电保护器，有效保障电气系统的安全运行和人身安全。

四、TN 系统;TT 系统;接线方式

1. TN 系统

一种漏电保护器接线方式称为 TN 系统,是指配电网的低压中性点直接接地,设备的外露可导电部分通过保护线与该接地点连接。

TN 系统可以划分为以下三种接线方式。

TN-S 系统:整个系统的中性线与保护线分开连接。

TN-C 系统:整个系统的中性线与保护线是共用的。

TN-C-S 系统:整个系统干线部分的前一部分保护线与中性线是共用的,后一部分是分开的。

2. TT 系统

一种漏电保护器接线方式称为 TT 系统,是指配电网低压侧的中性点直接接地,电气设备的外露可导电部分通过保护线直接接地。

3. 接线方式

漏电保护器在 TN 系统及 TT 系统中的各种接线方式如图 3-4 所示。安装时必须严格区分中性线 N 和保护线 PE。三极四线式或四极四线式漏电保护器的中性线,不管其负荷侧中性线是否使用都应将电源中性线接入漏电保护器的输入端。经过漏电保护器的中性线不得作为保护线,不得重复接地或连接设备的外露可导电部分;保护线不得接入漏电保护器。

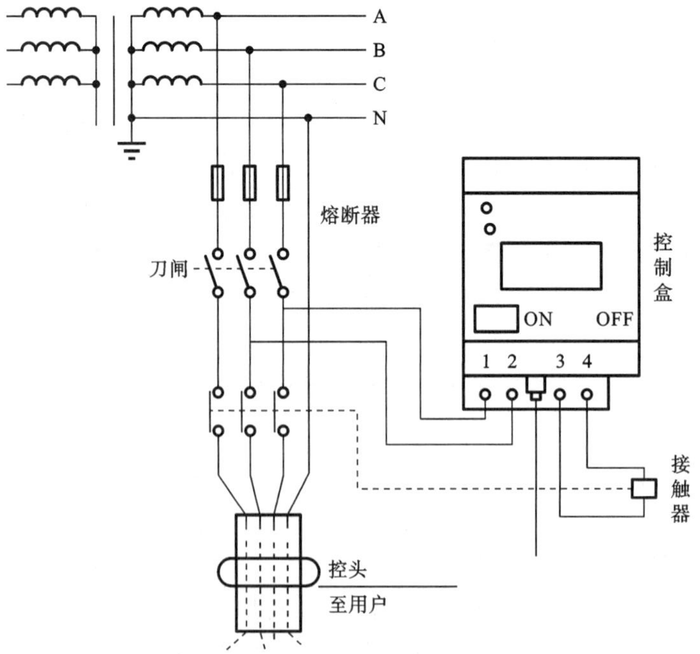

图 3-4　漏电保护器的接线方式

第四节　增大电路功率因数的意义及方法

一、降低供电设备的利用率；增加供电设备和输电线路的功率损耗

在电力系统中，发电厂在发出有功功率的同时也输出无功功率。两者在总功率中所占比例不取决于发电机，而取决于负载的功率因数。负载的功率因数的大小是由负载的性质决定的。例如，白炽灯、电炉等电阻性负载的功率因数 $\cos\varphi=1$，而日常生活中大量使用的异步电动机、荧光灯、供电系统的负载大都属于电感性负载，因此其功率因数 $\cos\varphi<1$。功率因数太小，会对供电系统产生不良影响，进而引起下列两方面的问题。

1. 降低供电设备的利用率

视在功率 S 一定的供电设备能够输出的有功功率为 $P=S\cos\varphi$。$\cos\varphi$ 越小，P 就越小，电源设备越得不到充分的利用。

2. 增加供电设备和输电线路的功率损耗

负载上获得的电流为

$$I=\frac{P}{U\cos\varphi} \tag{3-1}$$

在 P、U 一定的情况下，$\cos\varphi$ 越小，电流 I 就越大，在输电线路上引起的功率损耗就越大，这就意味着输电线路传输电能的效率就越低。

综上所述，为了提高发电设备、供电设备的利用率，减少输电线路上的能量损耗，应增大功率因数。

二、方法

增大功率因数的方法有很多，生产实际中大多数负载都是感性的，所以往往采用在负载两端并联合适的电容的方法。

在电感性负载上并联了电容以后，减少了电源与负载之间的能量互换。这时电感性负载所需的无功功率，大部分由电容供给，这就是说能量的互换主要发生在电感性负载与电容之间，因而使电源容量能得到充分利用。应当指出，在并联电容后，电路的有功功率保持不变，即并联电容前后电路消耗的有功功率是相等的。负载的工作状态不受任何影响，这是因为电容不消耗电能。

在实际电力系统中，并不要求将功率因数增大到 1，因为当功率因素达到 1 时，电路处于谐振状态，这会给电路带来其他不利情况。根据具体电路，把功率因数增大到一个适当的数值即可。应该注意，这里所讲的增大功率因数，是指增大整个电路的功率因数，而不是指增大某个电感性负载的功率因数。

第五节 单相感应式电能表的选用、接线方法及读数

单相感应式电能表是专门为家庭设计的,主要用于记录电流通过用户电路时消耗的电能,以使用户合理地支付电费。

一、单相感应式电能表的选用

根据负载的额定电压和负载的最大电流选择电能表。电能表的额定电压与负载的额定电压一致,而电能表的额定电流应不小于负载的最大电流。如果容量大了,电能表不能正常运转,会因本身存在误差而影响结果的正确性;如果容量小了,可能会烧坏电能表。

当没有负载时,电能表的铝盘应该静止不动。当电能表的电流线路中无电流而电压线路上有额定电压时,其铝盘转动应不超过潜动允许值,一般在限定时间内潜动不超过一整圈。

二、单相感应式电能表的接线方法

单相感应式电能表接线盒内设有 4 个接线柱,分别与室内、外配电线路相连接。在接线盒盖上,一般都有接线图,如图 3-5 所示。

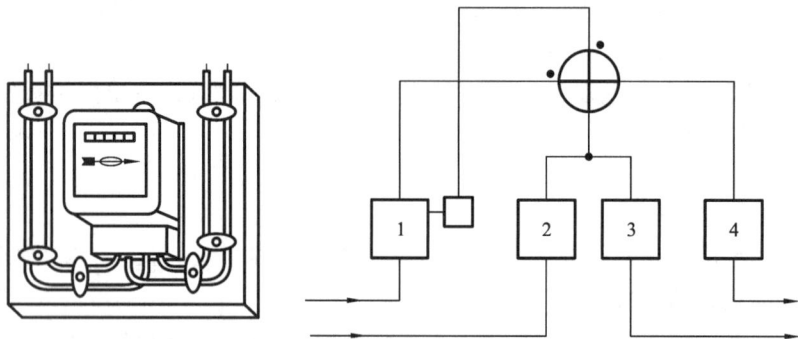

图 3-5 单相感应式电能表的接线方法

三、单相感应式电能表的读数

单相感应式电能表的表盘如图 3-6 所示,表盘上的参数如下。

(1) kW·h 表示电能表的读数单位为千瓦时(俗称度);

(2) 220 V 为额定电压;

(3) 3 A 为额定电流,但最大使用电流可达 6 A;

(4) 1200 r/(kW·h)表示电能表每消耗 1 kW·h,铝盘应转过 1200 转。

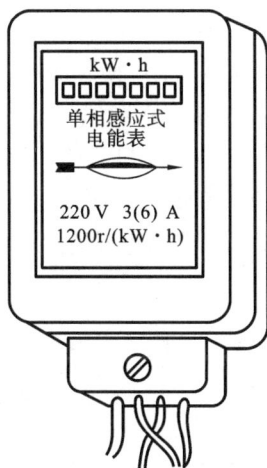

图 3-6 单相感应式电能表的表盘

第六节 电流、电压、电动势正弦量解析式、 波形图的表现形式及其对应关系

图 3-7 所示的为正弦交流电在示波器中的波形图,从中可以读出该交流电的电压最大值、周期、频率等参数。将这样的波形画在坐标系中就可以得到正弦交流电的波形图,利用各参数还可以将其写成解析式。

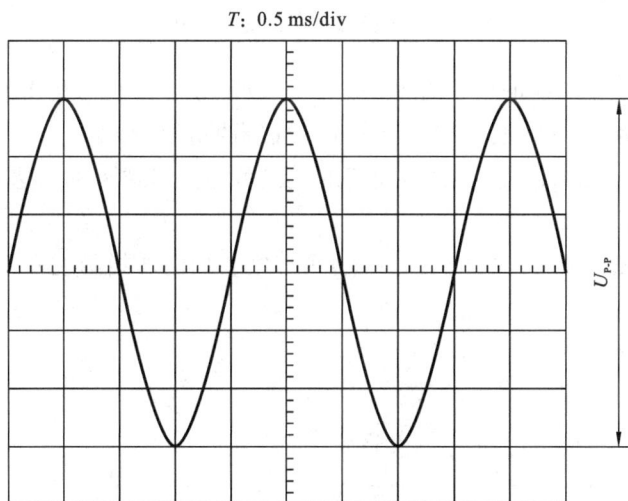

图 3-7 正弦交流电在示波器中的波形图

上述的正弦交流电的电动势、电压与电流的瞬时值表达式就是交流电的解析式,即

$$e = E_m \sin(\omega t + \varphi_{e0}) \tag{3-2}$$

$$u = U_m \sin(\omega t + \varphi_{u0}) \tag{3-3}$$

$$i = I_m \sin(\omega t + \varphi_{i0}) \tag{3-4}$$

如果已知交流电的有效值(或最大值)、频率(或周期、角频率)和初相,就可以写出其解析式,还可以计算出交流电的瞬时值。

正弦交流电还可以用与解析式相对应的波形图,即正弦曲线来表示,如图 3-8 所示。图中的横坐标表示时间 t 或角度 ωt,纵坐标表示电动势、电压与电流的瞬时值,在波形图上可以反映出最大值、初相和周期等。

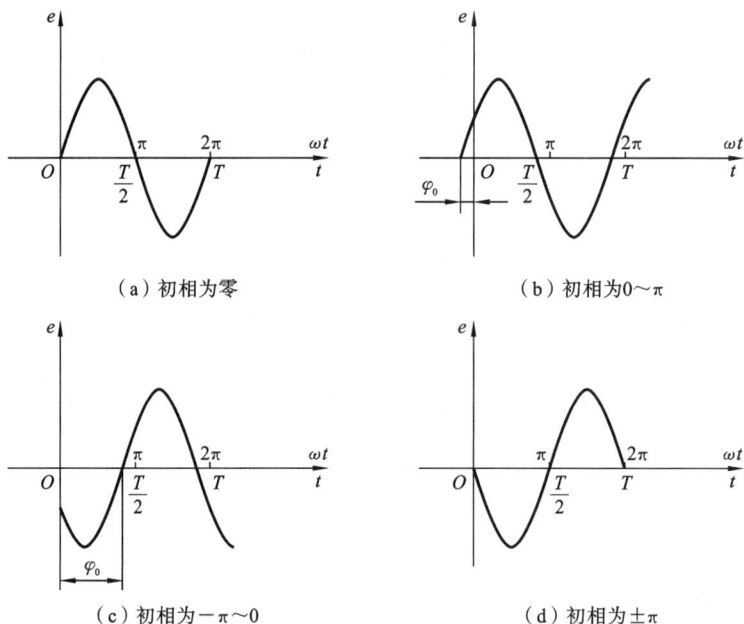

(a)初相为零   (b)初相为0~π

(c)初相为-π~0   (d)初相为±π

图 3-8   为各值时交流电的波形图

图 3-8(a)所示正弦曲线的初相为零,图 3-8(b)所示正弦曲线的初相为 0~π,图 3-8(c)所示正弦曲线的初相为-π~0,图 3-8(d)所示正弦曲线的初相为±π。

由图 3-8 可看出,如果初相为正值,曲线的起点就在坐标原点的左边;如果初相为负值,则起点在坐标原点的右边。

有时为了比较几个正弦量的相位关系,也可以把它们的曲线画在同一坐标系内。图 3-9

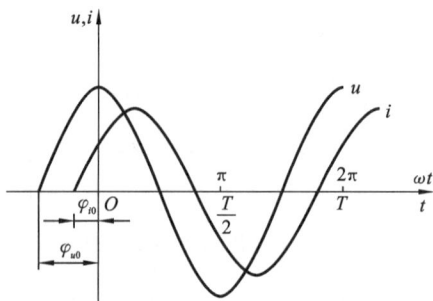

图 3-9   同一坐标系内 u、i 的波形图

所示的为同一坐标系内 u、i 的波形图,但由于它们的单位不同,故在纵坐标上电压、电流可分别用不同的比例来表示。

第七节　交流电的有效值、最大值的概念

交流电的最大值是指交流电在一个周期内所能达到的最大值,可以用来表示交流电的电流强弱或电压高低,在实际中有重要意义。例如,把电容接入交流电路,就需要获取交流电压的最大值,电容所能承受的电压要高于交流电压的最大值,否则电容就可能被击穿。但是,在研究交流电的功率时,最大值用起来却不太方便。因此,在实际工作中通常用有效值来表示交流电的大小。

交流电的有效值是根据电流的热效应来规定的。让交流电和直流电分别通过相同的电阻,如果它们在同一时间内产生的热量相等,则这一直流电的数值就称为这一交流电的有效值。例如,在同一时间内,某交流电通过一段电阻产生的热量,与 3 A 的直流电通过相同电阻产生的热量相等,那么,这一交流电流的有效值就是 3 A。

第八节　交流电的频率、角频率和周期的概念

交流电的变化与其他周期性过程一样,可以用周期或频率来表示其变化的快慢。在图 3-10 所示的实验中,线圈匀速转动一周,电动势、电流都按正弦规律变化一周。交流电完成一次周期性变化所需的时间,称为交流电的周期。周期通常用 T 表示,单位为 s(秒)。交流电在 1 s 内完成周期性变化的次数称为交流电的频率,频率通常用 f 表示,单位为 Hz(赫)。

根据定义,周期和频率的关系为

$$T = \frac{1}{f} \tag{3-5}$$

$$f = \frac{1}{T} \tag{3-6}$$

交流电变化的快慢,除了用周期和频率表示外,还可以用角频率表示。通常交流电变化一周可用 2π 或 $360°$ 来计量。那么,交流电每秒所变化的角度称为交流电的角频率,用 ω 表示,单位为 rad/s(弧度/秒)。

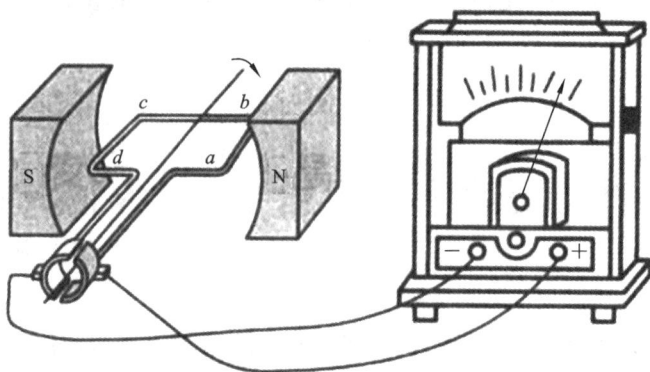

图 3-10　线圈在磁场中转动产生交流电

第九节　交流电的相位、初相位和相位差

从交流电的瞬时值的表达式可以看出,交流电的瞬时值不是简单地由时间 t 来确定的,而是由 $\omega t + \varphi_0$ 来确定的。$\omega t + \varphi_0$ 对确定交流电的大小和方向起着重要作用,称为交流电的相位。φ_0 为 $t=0$ 时的相位,称为初相位,简称初相。相位可以用来比较交流电的变化步调。

两个同频率交流电的相位之差称为它们的相位差,用 φ 来表示,即

$$\varphi = (\omega t + \varphi_{01}) - (\omega t + \varphi_{02}) = \varphi_{01} - \varphi_{02} \tag{3-7}$$

相位差是指两者初相之差,它不随时间而改变。

第十节　电感与电容对交流电的阻碍作用及感抗与容抗的概念

一、电感与电容对交流电的阻碍作用

线圈连接在直流电路中,由于电流的大小不随时间变化,线圈就没有产生感应电动势。线圈连接在交流电路中,电流的大小、方向随时间变化而导致线圈出现自感现象,线圈产生的感应电动势将阻碍线圈中电流的变化。

电容连接在直流电路中,由于电容两极板之间的电压不变,电容内的绝缘材料又不导电,这使得电路中没有电流。电容连接在交流电路中,由于电容两极板之间的电压不断变化,电容总是处于充电和放电的状态,这使得电路中有电荷移动而形成电流。

二、感抗;容抗

1. 感抗

线圈对交流电流的阻碍作用称为感抗,感抗用符号 X_L 表示。

2. 容抗

电容对交流电流的阻碍作用称为容抗,用符号 X_C 表示。

第十一节 有功功率、无功功率、视在功率、功率因数

在交流电路中,电压与电流是不断变化的,因此,将瞬时电压 u 和瞬时电流 i 的乘积称为瞬时功率,用 p 表示,即

$$p = ui \tag{3-8}$$

在纯电阻电路中,u、i 和 p 三者的波形图如图 3-11 所示。从函数式和波形图均可看出:由于电压与电流同相,所以,瞬时功率总是正值。这个正值表示电阻总是消耗功率,即把电能转换成热能,且这种能量转换是不可逆的。

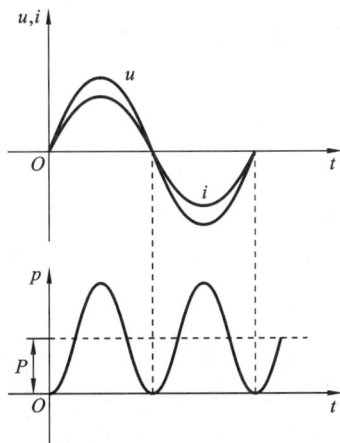

图 3-11 纯电阻电路的瞬时功率和有功功率

因为瞬时功率是变化的,不便用于表示电路的功率。为了反映电阻所消耗功率的大小,常用有功功率(也称为平均功率)表示。所谓有功功率就是瞬时功率在一个周期内的平均值,用 P 表示,单位为 W(瓦)。

由图 3-11 可以看出,有功功率 P 在数值上等于瞬时功率曲线的平均高度,也就是最大功率的一半。

在纯电容电路中,u、i 和 p 的波形图如图 3-12 所示。

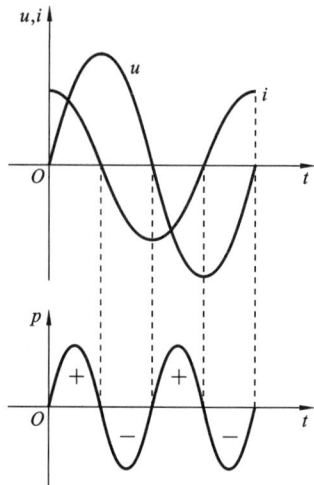

图 3-12 纯电容电路的瞬时功率

由图 3-12 可以看出,功率曲线一半为正,一半为负。因此,瞬时功率的平均值为零,即 $P=0$,这说明电容是不消耗功率的。

电容是储能元件,当瞬时功率为正时,表示电容从电源吸收能量,并将其存储在电容内部,此时电容两端电压升高;当瞬时功率为负时,表示电容中的能量返还给电源,此时电容两端电压降低。在电容和电源之间进行可逆的能量转换而不消耗功率,所以,有功功率为零。

电容瞬时功率的最大值 $U_C I$,表示电容与电源之间能量交换的最大值,称为无功功率,用符号 Q_C 表示,单位为 var(乏),即

$$Q_C = U_C I \tag{3-9}$$

纯电感电路的瞬时功率也是正弦函数。其瞬时功率的平均值也为零,即 $P=0$,说明电感线圈也不消耗功率,只是在电感线圈和电源之间进行可逆的能量转换。

电感瞬时功率的最大值,也称为无功功率,它表示电感线圈与电源之间能量交换的最大值,用符号 Q_L,即

$$Q_L = U_L I \tag{3-10}$$

在 RLC(电阻、电感、电容)串联电路中,只有电阻消耗功率,而电感和电容都不消耗功率,因而在 RLC 串联电路中的有功功率,就是电阻的消耗功率,即

$$P = U_R I \tag{3-11}$$

电阻两端的电压和总电压的关系为

$$U_R = U \cos\varphi \tag{3-12}$$

所以

$$P = U_R I = UI \cos\varphi \tag{3-13}$$

电感和电容虽然不消耗功率,但与电源进行周期性的能量交换。

式(3-13)指出,总电压的有效值和电流的有效值的乘积,并不代表电路中消耗的功率,总电压的有效值和电流的有效值的乘积称为视在功率,用 S 表示,即

$$S = UI \tag{3-14}$$

视在功率的单位为 V·A(伏安)。当 $\cos\varphi = 1$ 时,电路消耗的功率与视在功率相等;当 $\cos\varphi \neq 1$ 时,电路消耗的功率小于视在功率;当 $\cos\varphi = 0$ 时,电路的有功功率等于零,这时电路与纯电感电路或纯电容电路相同,电路中只有能量的转换,而没有能量的消耗。

电路的有功功率与视在功率的比值称为功率因数,即

$$\lambda = \cos\varphi = \frac{P}{S} \tag{3-15}$$

功率因数反映了电源功率被利用的程度。因为任何发电机都受限于温升和绝缘问题,所以在使用时必须确保其工作在额定电压和额定电流范围内,即不超过额定视在功率。

电路的功率因数越大,表示电源所发出的电能转换为热能或机械能越多,而与电感或电容交换的能量就越少,由于交换的能量没有被利用,因此,功率因数越大,说明电源的利用率越高。同时,在同一电压下,要输送同一功率的电流,功率因数越高,则线路中的电流越小,故线路中的损耗也越小。

第十二节　正弦交流电的三要素

有效值(或最大值)、频率(或周期、角频率)、初相是表征正弦交流电的三个重要物理量。有效值(或最大值)描述了交流电的变化范围,频率(或周期、角频率)描述了交流电的变化快慢,交流电的初相描述了交流电的初始状态。已知这三个量,就可以写出交流电瞬时值的表达式,从而可获得正弦交流电的变化规律,故称之为正弦交流电的三要素。

第十三节　交流电的有效值、最大值之间的关系

交流电动势和电压的有效值可以用同样的方法来确定。通常用 E、U、I 分别表示交流电的电动势、电压与电流的有效值。理论推导表明,正弦交流电的有效值和最大值之间的关系为

$$E = \frac{E_m}{\sqrt{2}} \approx 0.707 E_m \tag{3-16}$$

$$U = \frac{U_m}{\sqrt{2}} \approx 0.707 U_m \tag{3-17}$$

$$I = \frac{I_m}{\sqrt{2}} \approx 0.707 I_m \tag{3-18}$$

通常所说的照明电路的电压为 220 V,就是指电压的有效值。使用交流电的各种电气设备上所标注的额定电压和额定电流的数值,以及一般交流电流表和交流电压表测量的数值,也都是有效值。实际提到交流电的数值,凡没有特别说明的,都是指有效值。

第十四节 交流电的频率、角频率和周期之间的关系

因为交流电变化一周所需要的时间是 T,所以,角频率与周期、频率的关系为

$$\omega = \frac{2\pi}{T} = 2\pi f \tag{3-19}$$

式中:ω 为角频率,单位为 rad/s(弧度/秒);

f 为频率,单位为 Hz(赫);

T 为周期,单位为 s(秒)。

第十五节 交流电的相位、初相位 和相位差之间的关系

两个频率相同的交流电,如果它们的相位也相同,即相位差为零,则称这两个交流电为同相。它们的变化步调一致,总是同时到达零值和最大值、最小值,它们的波形图如图 3-13 (a)所示。

两个频率相同的交流电,如果相位差为 180°,则称这两个交流电为反相。它们的变化步调恰好相反,一个到达正的最大值,另一个恰好到达最小值:一个减小到零,另一个恰好增大到零,它们的波形图如图 3-13(b)所示。

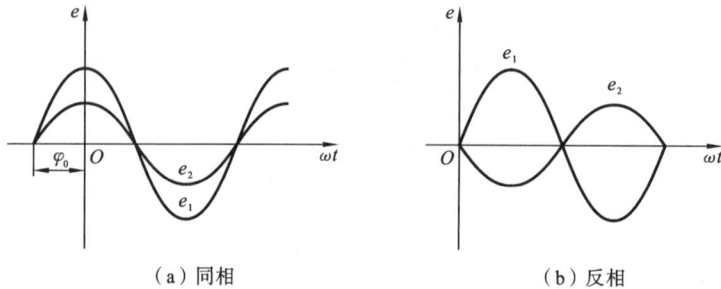

图 3-13 两交流电的同相与反相

如图 3-14 所示,两个频率相同但初相不同的交流电,且 $\varphi_{01} > \varphi_{02}$。从图 3-14 可以看出,它们的变化步调不一致,e_1 比 e_2 先到达正的最大值、零或最小值,这时就称 e_1 比 e_2 超前 φ,或者 e_2 比 e_1 滞后 φ。

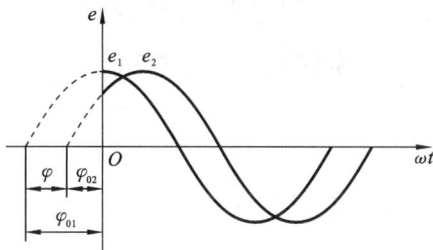

图 3-14　e_1 比 e_2 超前 φ

第十六节　感抗、容抗与频率的关系

一、感抗与频率的关系

感抗的大小与交流电流变化的频率成正比,与线圈的电感成正比。

当交流电的角频率为 ω(或频率为 f 或周期为 T),线圈的电感为 L 时,感抗为

$$X_L = \omega L = 2\pi f L = \frac{2\pi L}{T} \tag{3-20}$$

式中：ω 的单位为 rad/s；

　　　f 的单位为 Hz；

　　　T 的单位为 s；

　　　电感 L 的单位为 H(亨利)；

　　　感抗 X_L 的单位为 Ω(欧姆)。

二、容抗与频率的关系

交流电路的频率越高,容抗就越小；电容的电容量越大,容抗就越小。在交流电路中,容抗为

$$X_C = \frac{1}{\omega C} = \frac{1}{2\pi f C} = \frac{T}{2\pi C} \tag{3-21}$$

式中：ω 的单位为 rad/s；

　　　f 的单位为 Hz；

　　　T 的单位为 s；

　　　电容 C 的单位为 F(法拉)；

容抗 X_C 的单位为 Ω(欧姆)。

第十七节　纯电阻交流电路、纯电感交流电路、纯电容交流电路的电压与电流的关系

一、纯电阻交流电路的电压与电流的关系

没有电容和电感,只有电阻的交流电路称为纯电阻交流电路,如图 3-15(a)所示。通过实验和示波器观察到电路中电压与电流的波形图如图 3-15(b)所示。因而可以得到电压与电流的相量图,如图 3-15(c)所示。

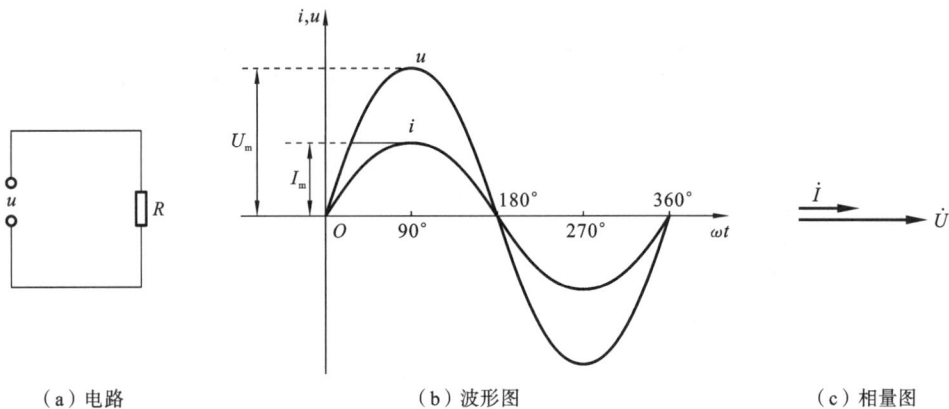

（a）电路　　　　　　　　　（b）波形图　　　　　　　　　（c）相量图

图 3-15　纯电阻交流电路

在纯电阻交流电路中,电压与电流的频率相同,初相位相同,相位相同。瞬时值、有效值和最大值都遵循欧姆定律。

二、纯电感交流电路的电压与电流的关系

电路中只有线圈(电感)且线圈电阻可忽略不计的交流电路称为纯电感交流电路。

当纯电感交流电路的电压为 $u = U_m \sin(\omega t)$ 时,电路电压与电流的波形图和相量图如图 3-16 所示。从波形图可以看出,电压与电流变化的频率、电压与电流之间的相位关系以及电压与电流最大值、有效值之间的关系等。

在纯电感交流电路中,电压与电流的频率相同;电压与电流的相位关系是:电压超前电流 90°(或者说电流滞后电压 90°);电压最大值、有效值与电流最大值、有效值之间的关系遵循欧姆定律,即

$$I_m = \frac{U_m}{X_L} \tag{3-22}$$

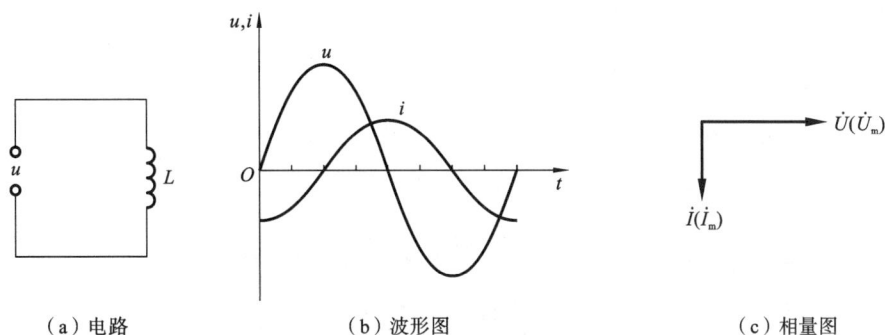

（a）电路　　　　　　　（b）波形图　　　　　　　（c）相量图

图 3-16　纯电感交流电路

$$I = \frac{U}{X_L} \tag{3-23}$$

但瞬时电压与瞬时电流之间的关系不遵循欧姆定律。

瞬时电流的表达式,可先根据欧姆定律求出电流最大值,然后按照电压与电流的相位关系,求出瞬时电流的初相位,最后写出瞬时电流的表达式。

三、纯电容交流电路的电压与电流的关系

电路中只有电容的交流电路称为纯电容交流电路。

当纯电容交流电路的电压 $u = U_m \sin(\omega t)$ 时,电路电压与电流的波形图和相量图如图 3-17 所示。从波形图可以看出,电压与电流变化的频率、电压与电流之间的相位关系以及电压与电流最大值、有效值之间的关系等。

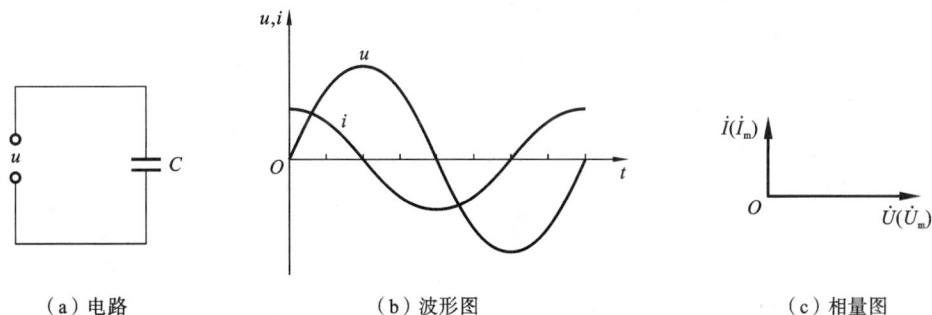

（a）电路　　　　　　　（b）波形图　　　　　　　（c）相量图

图 3-17　纯电容交流电路

电压最大值、有效值与电流最大值、有效值之间的关系遵循欧姆定律,即

$$I_m = \frac{U_m}{X_C} \tag{3-24}$$

$$I = \frac{U}{X_C} \tag{3-25}$$

瞬时电流的表达式可先根据欧姆定律求出电流最大值,然后按照电压与电流的相位关

系,求出瞬时电流的初相位,最后写出瞬时电流的表达式。

在纯电容交流电路中,电压与电流的频率相同;电压与电流的相位关系是:电流超前电压 90°(或说电压滞后电流 90°);电压最大值、有效值与电流最大值、有效值之间的关系遵循欧姆定律,但瞬时电压值与瞬时电流之间的关系不遵循欧姆定律。

第十八节 简单照明线路的认识及
照明线路的连接与检测

一、简单照明线路的基本工作原理

照明线路通常由电源、导线、开关和照明灯组成。

电源提供电能,一般为交流市电(如 220 V)。导线起到传输电能的作用,将电源的电能传输到各个用电设备。

开关用于控制电路的通断。当开关闭合时,电路形成通路,电流从电源的火线流出,经过导线到达开关,再通过导线流向照明灯,最后经过零线回到电源,形成一个完整的回路。电流通过照明灯时,灯具中的灯丝或发光元件会发热或发光,从而实现照明功能。

当开关断开时,电路中断,电流无法流通,照明灯熄灭。

总之,简单照明线路通过电源提供电能,导线传输电能,开关控制通断,使照明灯能够正常工作。

二、根据电路图进行照明线路的连接与检测

例 3-1 求普通照明灯和普通照明灯的串联电路的电压与电流。

① 将交流电源 220 V、2 个普通照明灯、1 个交流电流表、若干导线连接成图 3-18 所示的电路。

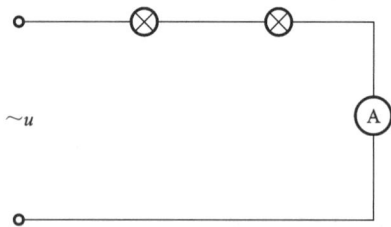

图 3-18 普通照明灯和普通照明灯的串联电路

② 接通电源并将电压调至 220 V。

③ 将电流表读数填入表 3-1。

④ 用万用表交流电压挡分别测量两个普通照明灯两端的电压,并将数据填入表 3-1。

表 3-1 普通照明灯和普通照明灯的串联电路数据

U/V	U_1/V	U_2/V	I/A
220			

例 3-2 求普通照明灯和镇流器的串联电路的电压与电流。

① 将交流电源 220 V、1 个普通照明灯、1 个交流电流表、1 个镇流器(220 V、40 W)、若干导线按图 3-19 所示连接成电路。

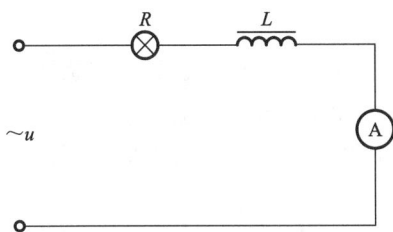

图 3-19 普通照明灯和镇流器的串联电路

② 接通电源并将电压调至 220 V

③ 将电流表读数填入表 3-2。

④ 用万用表交流电压挡分别测量普通照明灯和镇流器两端的电压,并将数据填入表3-2。

表 3-2 普通照明灯和镇流器的串联电路数据

U/V	U_R/V	U_L/V	I/A
220			

例 3-3 求普通照明灯、镇流器和电容的串联电路的电压与电流。

① 将交流电源 220 V、1 个普通照明灯、1 个镇流器(220 V、40 W)、1 个电容(4.75 μF)、1 个交流电流表、若干导线按图 3-20 所示连接成电路。

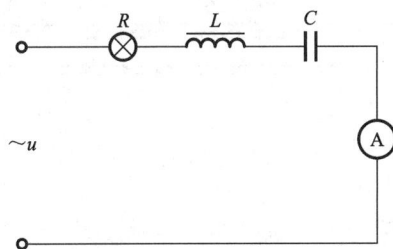

图 3-20 普通照明灯、镇流器和电容的串联电路

② 接通电源并将电压调至 220 V。

③ 将电流表读数填入表 3-3。

④ 用万用表交流电压挡分别测量普通照明灯、镇流器和电容两端的电压,并将数据填入表 3-3。

表 3-3　普通照明灯、镇流器和电容的串联电路数据

U/V	U_R/V	U_L/V	U_C/V	I/A
220				

例 3-4　对荧光灯电路进行连接,并对常见故障进行检修。

（1）连接电路。

① 认识荧光灯电路各元件的实物、连接方法和安装位置。

② 按照图 3-21 要求,将交流电源 220 V、功能完好的荧光灯（包括灯管、灯座、启辉器、镇流器,220 V、40 W）、1 个单相闸刀开关、1 个交流电流表、若干导线连接成荧光灯电路。另外备有有故障的若干组荧光灯。

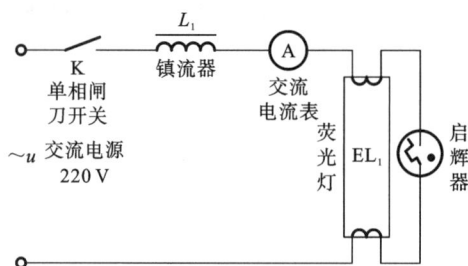

图 3-21　荧光灯照明线路

③ 把两个灯座、启辉器和镇流器固定在灯架上,并把启辉器按顺时针方向旋转,插入启辉器座中,如图 3-22 所示。

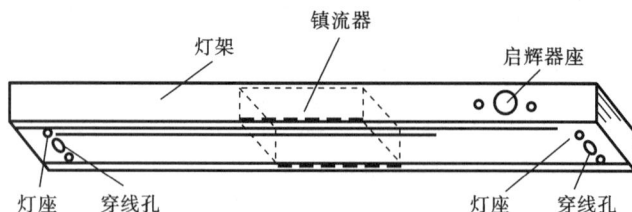

图 3-22　灯架各部位置

④ 用单根导线将灯座上的一个接线柱与启辉器上的一个接线柱相接,然后用另一根导线将启辉器上的另一个接线柱与另外一个灯座上的任意一个接线柱相接。

⑤ 再用一根导线把该灯座上的另一个接线柱和电源的中性线相接,然后将第一个灯座上的另一个接线柱与镇流器的一个接线头相接,镇流器的另一个接线头与开关的一个接线柱相接,开关的另一个接线柱与电源的相线相接,如图 3-23 所示。

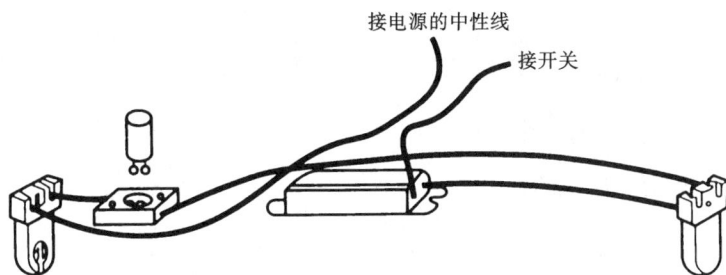

图 3-23　荧光灯接线图

　　安装荧光灯时必须特别注意,各个元件的规格要统一,灯管与镇流器和启辉器的额定功率要一致,否则不是灯不亮,就是把其他元件被烧坏。

　　⑥ 经检查接线无误后,将电线接头处的裸露部分用绝缘胶布带包缠两层。将接好线的荧光灯固定(或悬挂)在天花板或屋梁上。

　　(2) 分析荧光灯常见故障,总结排除方法。

　　表 3-4 所示的为荧光灯常见故障及排除方法。

表 3-4　荧光灯常见故障及排除方法

常见故障	原因分析	排除方法
灯管两端发光,中间不亮	① 启辉器有问题,可能其中的电容被击穿或双金属片与金属熔棒相连 ② 气温过低 ③ 电源电压过低 ④ 灯管两端发黑,寿命即将终止 ⑤ 镇流器不匹配或接线有误	① 换一个新的启辉器 ② 用水蒸气加热或加保温罩 ③ 检查电源电压 ④ 调换新灯管 ⑤ 更换镇流器,改正接线错误
灯管不发光	① 接触不良 ② 启辉器损坏 ③ 灯管的灯丝已断 ④ 电源熔断器已断或镇流器松动	① 转动灯管,压紧灯脚与灯座,使之接触良好;转动启辉器,使之与底座电极接触牢固 ② 用一根带有绝缘层的粗导线的两头同时接触启辉器座的两个电极,注意只要碰触一下就立即脱开,这时若灯管发光,则说明启辉器损坏,需调换新的启辉器 ③ 用万用表测量灯管,发现不通电就调换新灯管 ④ 更换熔断器或调整镇流器
灯管发光后,灯光在管内旋转	这是新灯管的暂时现象	使用几次后即可消失
灯光闪烁	灯管质量不好	调换新灯管

续有

故障现象	原因分析	排除方法
灯管亮度降低	① 灯管老化,两端发黑 ② 电源电压降低	① 调换新灯管 ② 检查电源电压
灯管两端 发生黑斑	灯管内水银凝结,是灯管常有的现象	启动后可能蒸发
电磁声音较大	镇流器质量差,硅钢片振动较大	更换镇流器
镇流器过热	① 通风散热不好 ② 内部线圈匝间短路	① 加强通风散热 ② 调换镇流器
镇流器冒烟	内部线圈短路后烧毁	立即切断电源,调换新镇流器
灯管发光后, 立即熄灭	接线有错,将灯管的灯丝烧断	检查并改正接线,调换新灯管
关灯后仍有微光	① 灯管内的荧光粉余辉发光 ② 相线直接连接灯丝	① 不影响使用,不必修理 ② 将相线改接开关,或调换插头位置

对照表 3-4,测量分析有故障的荧光灯,将常见故障、分析过程、故障原因及检修方法填入表 3-5。

表 3-5　荧光灯故障分析

序号	常见故障	分析过程	故障原因	检修方法
第 1 组				
第 2 组				
第 3 组				
第 4 组				
第 5 组				

第四章

三相正弦交流电路

第一节　三相正弦对称电源的概念

三相正弦交流电路是由三相正弦交流电源和三相负载用导线连接而构成的电路。其中三相正弦交流电源是由频率相同、振幅相同、相位上依次互差 120°的三个电压以一定的连接方式组成的,也称为对称三相电源,还称为三相正弦对称电源。

第二节　我国电力系统的供电制及配线方式

供电系统的供电方式有五种,分别为 IT 供电系统、TN-S 供电系统、TN-C 供电系统、TN-C-S 供电系统、TT 供电系统。

如图 4-1 所示,IT 供电系统是指在电源中性点不接地系统中,将所有设备的外露可导电部分均经各自的保护线 PE 直接接地的系统。IT 供电系统一般为三相三线制供电系统。IT 供电系统中的 I 表示电源侧没有工作接地,或经过高阻抗接地;T 表示负载侧电气设备接地。IT 供电系统在供电距离不是很长时,IT 供电系统最为安全可靠,由于 IT 供电系统电源不接地,当设备发生漏电时,流向大地的电流非常小,不会破坏电源电压平衡。所以 IT 供电系统即使发生漏电,用电设备依然能正常使用,人即使触摸到漏电设备也不会发生触电。但是它的缺点也很明显,那就是只适用于小范围供电,所以 IT 供电系统主要用于需要严格连续供电(不能轻易停电)的地方,如医院手术室、地下矿井通风设备、缆车等。

如图 4-2 所示,TN-S 供电系统是一种常见的低压配电系统,按照国际电工委员会(IEC)

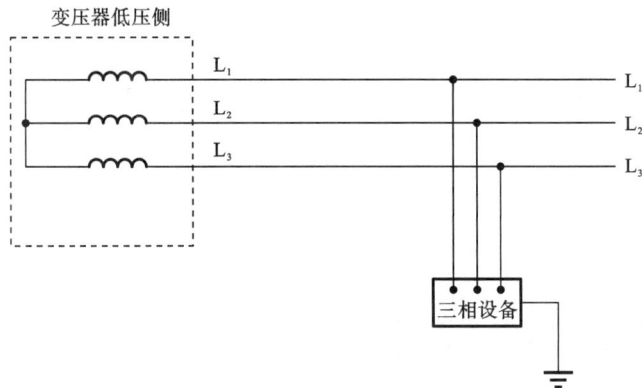

图 4-1　IT 供电系统

的规定,TN-S 供电系统根据接地方式有不同的分类。TN-S 供电系统是 TN 供电系统的一种,其中 TN 供电系统又细分为 TN-C 供电系统、TN-S 供电系统和 TN-C-S 供电系统等几种类型。

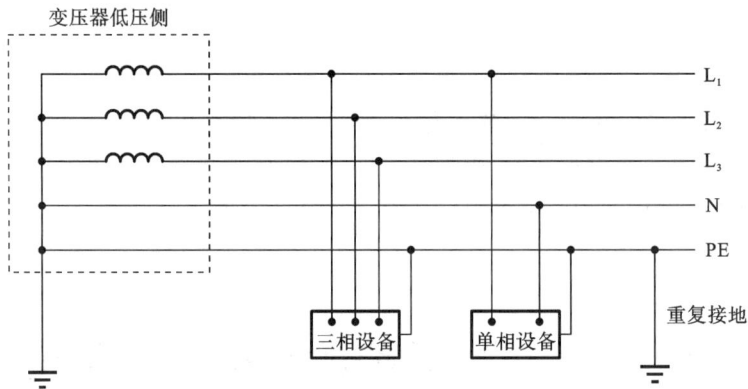

图 4-2　TN-S 供电系统

　　TN-S 供电系统也就是我们常说的三相五线供电系统,它是由 3 根火线、1 根中性线、1 根地线组成的供电系统。虽然 TN-S 供电系统安全可靠,但是它所需要的电线根数最多、投资成本最高。因为设备正常工作只需要火线和中性线,但是为了人身安全,它多了一根地线。为了节约成本,当负载距离变压器不远或者有专用变压器时,才采用 TN-S 供电系统。

　　如图 4-3 所示,TN-C 供电系统可针对供电距离远且负荷比较分散的情况。如果还想继续节约成本,那就不要地线,用零线接外壳,这种供电系统称为 TN-C 供电系统,也就是常说的接零保护系统。但是这种系统只适用于三相平衡,并且无易燃易爆的场合。如果三相不平衡,PEN 就会带电,那么外壳也就会带电,这是不安全的。一般工厂及小区都达不到要求,所以很少采用这种供电系统。

　　如图 4-4 所示,TN-C-S 供电系统是为了节约成本,所以采用前端是 4 根线、后端是 5 根线的供电系统,也就是前端是 TN-C 供电系统,后端是 TN-S 供电系统。在变压器到总配电

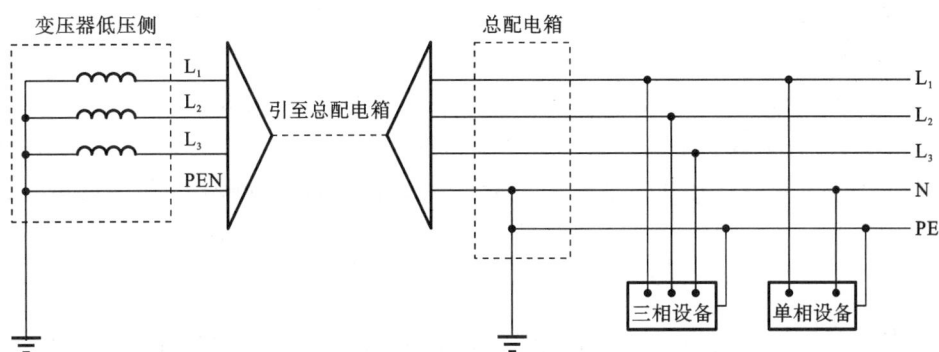

图 4-3　TN-C 供电系统

箱这一段采用 4 根线（3 根相线和 1 根 PEN），然后在总配电箱内把 PEN 接地，最后分出 N 和 PE，这样就有我们需要的 5 根线了。因为变压器到总配电箱这一段比较长的距离采用 4 根线，比 5 根线节约了较多成本。

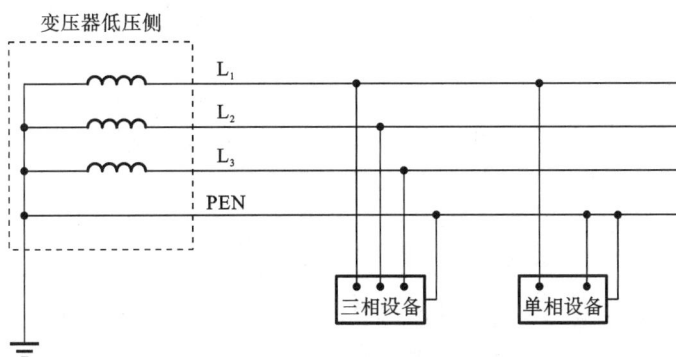

图 4-4　TN-C-S 供电系统

如果供电距离很远，而且三相又不平衡，并且负荷又特别分散的情况会怎样呢？还可以采用 TT 供电系统。如图 4-5 所示，TT 供电系统是一种常见的低压配电系统接地系统，其特点是电源的中性点直接接地，同时用电设备的金属外壳也直接接地，但与电源端的接地点无

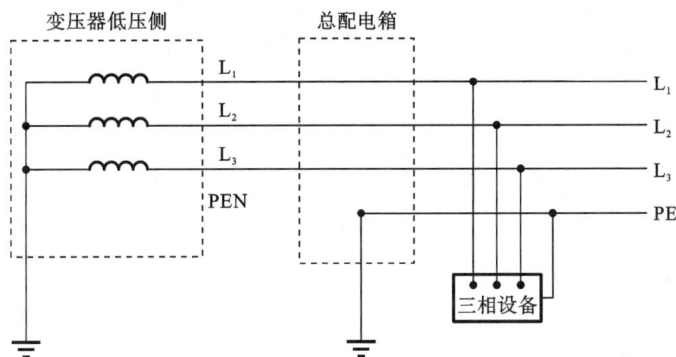

图 4-5　TT 供电系统

关。这种系统也称为保护接地系统。TT 供电系统根据用电设备的需要,电源引出三根线(3 根火线)或者四根线(3 根火线＋1 根中性线)给设备供电。然后在用电设备附近做一个接地装置并引出地线,把设备外壳接在地线上。当设备发生漏电时,大部分电流顺着地线流向大地,只有少部分电流通过人体,这大大减轻了人触摸到漏电设备外壳的危险性。这种供电系统的地线虽然能减轻触电危险性,但是并不能完全保证安全,所以所有的用电设备都必须要加装漏电开关。

第三节　电源、负载星形连接与三角形连接的结构及特点

一、三相电源的星形连接

若将电源的三个绕组末端 X、Y、Z 连成一点,而将三个首端作为输出端,如图 4-6(a)所示,则这种连接方式称为星形连接。在星形连接中,末端连接点称为中点,中点的引出线称为中性线(或零线),若中性线接地,则中性线也可以称为地线。三个绕组首端的引出线称为端线或相线(俗称火线)。这种从电源引出四根线的供电电路称为三相四线制电路,无中性线的三相电路则称为三相三线制电路。

在三相四线制电路中,端线与中性线之间的电压 $\dot{U}_U$、$\dot{U}_V$、$\dot{U}_W$ 称为相电压,它们的有效值为 U_U、U_V、U_W 或 U。当忽略电源内阻抗时,相电压和电源电压大小相等,且相位上互差 $120°$,所以相电压是对称的。规定 U 相的正方向是从端线指向中性线的。

在三相四线制电路中,任意两根相线之间的电压称为线电压,分别用 $\dot{U}_{UV}$、$\dot{U}_{VW}$、$\dot{U}_{WU}$ 表示,规定正方向由下标字母的先后顺序标明。

$$\dot{U}_{UV}=\dot{U}_U-\dot{U}_V$$
$$\dot{U}_{VW}=\dot{U}_V-\dot{U}_W$$

从相量图 4-6(b)中的几何关系可得出,星形连接的三相电源的线电压与相电压的关系为

$$\dot{U}_{UV}=\sqrt{3}\dot{U}_U\angle30°$$
$$\dot{U}_{VW}=\sqrt{3}\dot{U}_V\angle30°$$
$$\dot{U}_{WU}=\sqrt{3}\dot{U}_W\angle30°$$

从相量图还可得出,三个线电压在相位上互差 $120°$,故线电压也是对称的。线电压的有效值是相电压有效值的 $\sqrt{3}$ 倍;相位上,线电压超前于对应的相电压 $30''$。因此,三个线电压 $\dot{U}_{UV}$、$\dot{U}_{VW}$、$\dot{U}_{WU}$ 也是一组对称三相正弦量,且与相电压同相序。

$$U_{线}=\sqrt{3}U_{相}$$

星形连接的三相电源只引出三根端线而不引出中性线的输电方式称为三相三线制。它只能提供线电压,主要在高压输电时采用。

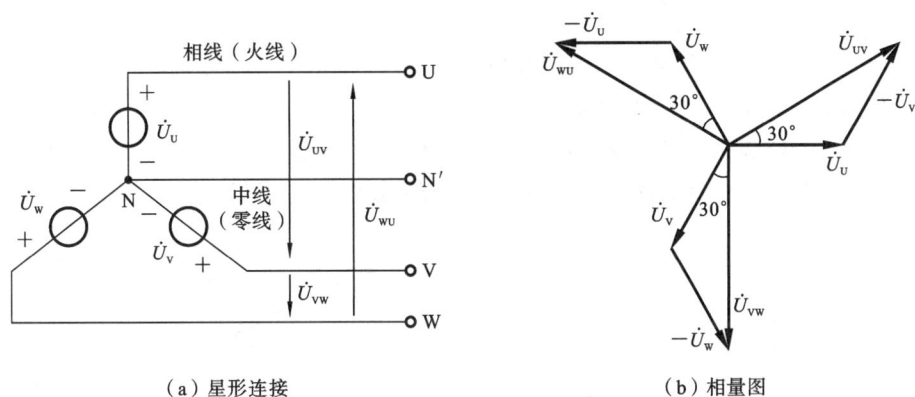

（a）星形连接　　　　　　　　　　（b）相量图

图 4-6　三相电源的星形连接及相量图

二、三相电源的三角形连接

除了星形连接以外,电源的三个绕组还可以连接成三角形,即把一相绕组的首端与另一相绕组的末端依次连接,再从三个接点处分别引出端线,如图 4-7(a)所示。显然,这种输电方式属于三相三线制。

从图 4-7(b)可以看出,当对称三相电源进行三角形连接时,线电压就是相应的相电压,即

$$\dot{U}_{UV}=\dot{U}_U$$
$$\dot{U}_{VW}=\dot{U}_V$$
$$\dot{U}_{WU}=\dot{U}_W$$

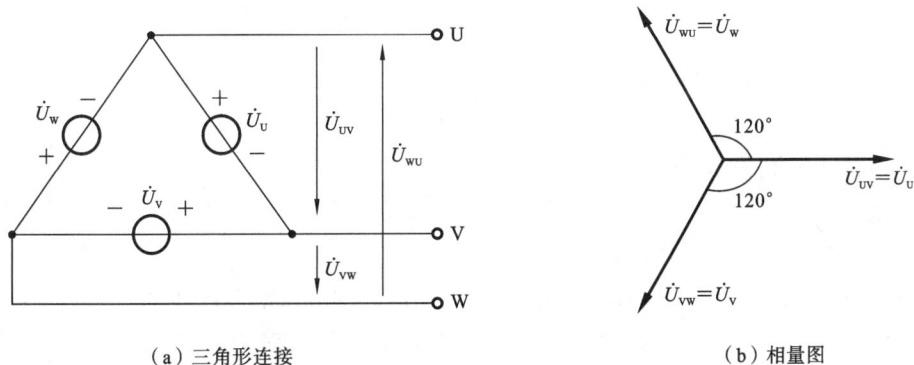

（a）三角形连接　　　　　　　　　　（b）相量图

图 4-7　三相电源的三角形连接及相量图

按照这种接法,在三相绕组闭合回路中,在未接负载时回路中的电压为

$$\dot{U}_U+\dot{U}_V+\dot{U}_W=0$$

所以回路中无环路电流。若有一相绕组首末端接错,则在三相绕组中将产生很大环流,致使发电机烧毁。

三、三相负载的星形连接

三相交流电路中的负载是由三个部分组成的,每一部分称为一相负载,即共有三相负载。三相负载也有星形和三角形两种连接方式。

三相负载的星形连接,是把三相负载的一端连在一起,接在电源的中性线上,另外三端分别接电源的三根端线。三相负载连接的公共节点称为负载的中点,用 N' 表示,如图 4-8 所示。

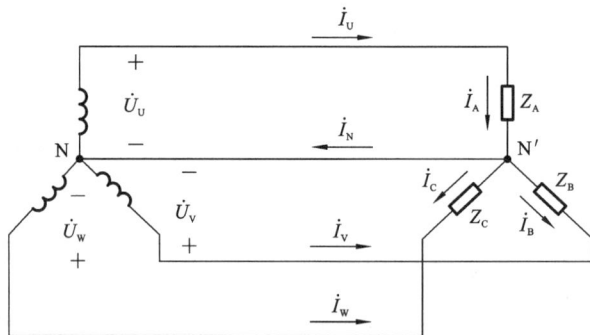

图 4-8 三相负载的星形连接

相电流:流过每相电源(负载)的电流,用 $\dot{I}_A$、$\dot{I}_B$、$\dot{I}_C$ 表示,有效值记作 I_P。

线电流:流过每个端线中的电流称为线电流,用 I_U、I_V、I_W 表示,有效值记作 I_L。

中性线电流:流过中性线的电流,用 $\dot{I}_N$ 表示。

三相负载进行星形连接时,有以下几个特点。

(1)负载的相电压等于电源的相电压,负载端的线电压与电源的线电压也是相等的,两者满足关系式:

$$U_L = \sqrt{3} U_P$$

(2)线电流和相电流的有效值关系为

$$I_L = I_P$$

(3)中性线电流关系为

$$\dot{I}_N = \dot{I}_U + \dot{I}_V + \dot{I}_W$$

(4)中性线有以下几个特点。

① 在对称三相负载星形连接的供电电路中,由于负载对称,三相电流也对称,中性线的电流 $\dot{I}_N = 0$,有无中性线对负载没有影响,中性线可以取消,这就是三相三线制电路。所以在对称三相电路中,不管有无中性线,中性线阻抗多大,对电路都没有影响。

② 当三相负载不对称时,$\dot{I}_N \neq 0$,中性线存在电流。一相负载发生变化,将影响另外两相负载的正常工作。因此,对不对称负载进行星形连接时,中性线的存在是非常重要的。当中性线存在时,负载的相电压等于电源的相电压,尽管负载不对称,但负载相电压是对称的,这就是三相四线制电路。

在实际工作中,要求中性线可靠地连接到电路中,中性线要有足够的机械强度,且在中性线上不允许接入开关和熔断器,以免中性线断开。

四、三相负载的三角形连接

将三相负载连接成一个三角形和三相电源的端线对接,以构成三相负载的三角形连接,如图 4-9 所示。负载的相电压等于电源的线电压。当电源的线电压对称时,无论负载本身是否对称,负载的相电压总是对称的。

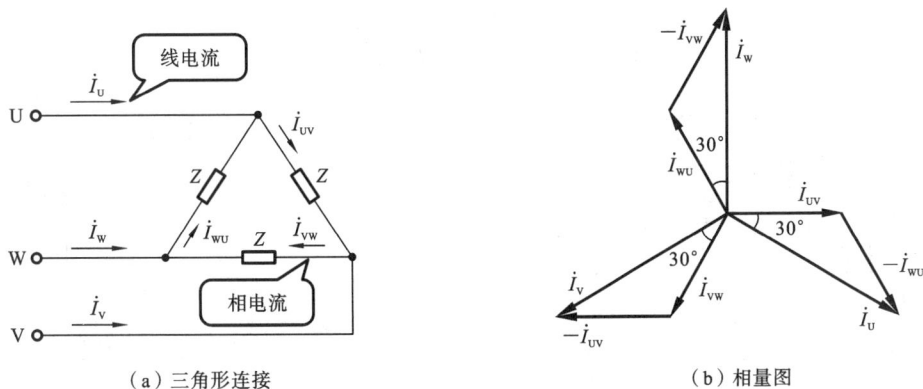

（a）三角形连接　　　　　　　　（b）相量图

图 4-9　三相负载的三角形连接及相量图

三相负载的三角形连接有以下几个特点。

（1）负载的端电压等于电源的线电压,即

$$U_L = U_P$$

（2）线电流和相电流的有效值关系为

$$I_L = \sqrt{3} I_P$$

在相位上,线电流滞后于对应的相电流 30°。

三相负载究竟如何连接,要根据电源电压和负载的额定工作电压来决定。当各相负载的额定电压等于电源的线电压时,负载应作三角形连接;当负载的额定电压等于电源线电压的 $1/\sqrt{3}$ 时,负载应作星形连接。另外,若有许多单相负载接入三相电源,应尽量把这些负载平均分配到每一相上,使电路尽可能对称。

第四节　相序的概念

三相电源是由三相交流发电机产生的。图 4-10 所示的为三相交流发电机的原理图,它主要由定子和转子两大部分组成。在定子内圆周表面的槽内嵌入三个结构完全相同、彼此在空间上相隔 120°的定子绕组 U-U'、V-V'、W-W',U、V、W 是首端,U'、V'、W'是末端。发电机转子铁心上装有励磁绕组,当原动机(汽轮机、水轮机等)带动转子顺时针以角速度 ω 匀速转动时,就相当于每相绕组逆时针转动,定子绕组依次切割转子磁场,因而产生感应电动势,在绕组两端也就产生了电压。由于转子气隙中的磁场是按正弦分布的,三个绕组结构又相同,在空间上相差120°,因此这三个电压振幅相等、频率相同且相位相差120°,其是按正弦规律变化的,这样的电压称为对称三相电压,如图4-11所示。以U相为参考量,各相绕组电压的参考方向规定为由首端指向末端,则三相电压的解析式为

$$u_U = U_m \sin(\omega t)$$

$$u_V = U_m \sin(\omega t - 120°)$$

$$u_W = U_m \sin(\omega t - 240°) = U_m \sin(\omega t + 120°)$$

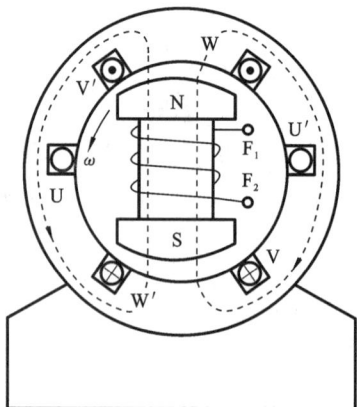

图 4-10　三相交流发电机的原理图

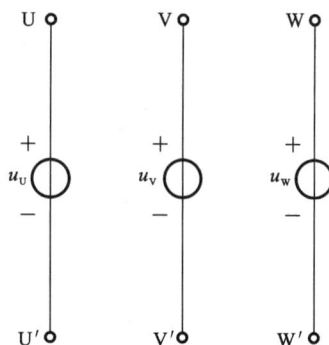

图 4-11　对称三相电压

对应的相量形式为

$$\dot{U}_U = U_P \angle 0°$$

$$\dot{U}_V = U_P \angle -120°$$

$$\dot{U}_W = U_P \angle +120°$$

式中:U_P为各相电压的有效值。

它们的波形图和相量图如图4-12所示。

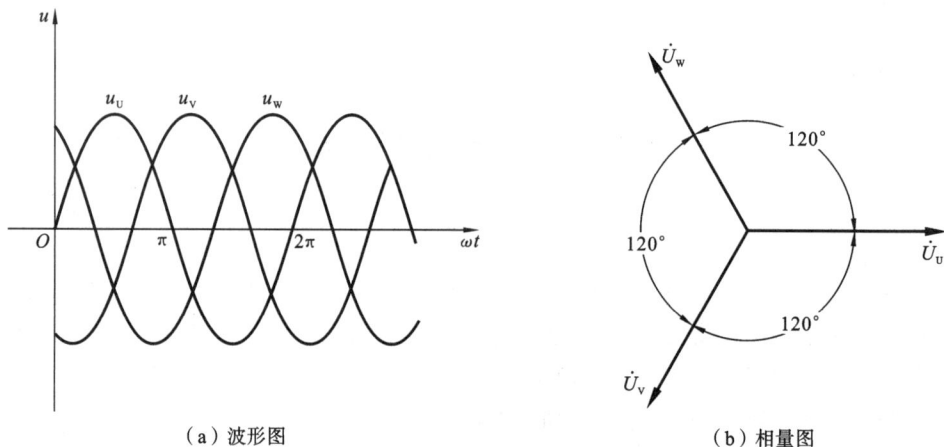

（a）波形图

（b）相量图

图 4-12　三相对称电压波形图和相量图

由图 4-12 可得出,三相对称电压的瞬时值的和以及相量和均为零,即

$$u_U + u_V + u_W = 0$$

$$\dot{U}_U + \dot{U}_V + \dot{U}_W = 0$$

从图 4-12 中可以看出,u_U 超前 u_V 达到最大值;u_V 又超前 u_W 达到最大值,三相对称电压这种到达最大值的先后次序称为相序。在三相绕组首端、末端确定以后,相序由发电机的旋转方向确定。通常把 U-V-W 称为正相序,反之称为负相序。在三相电器接入电源时,通常都要考虑相序;否则设备的运行方向就发生变化,如电动机反转就会改变相序。

第五节 相电压、线电压、相电流、线电流的概念

在低压配电系统中采用三根相线和一根中性线的输电方式,称为三相四线制。高压输电时去掉中性线,只有三根相线组成的输电方式称为三相三线制。三相四线制电路可以提供两种电压,即线电压和相电压。

每相绕组两端的电压或各相线与中性线之间的电压,称为相电压。相电压的方向规定由绕组的始端指向末端。有中性线时,相电压即各相线与中性线之间的电压。若忽略发电机内阻,在数值上相电压等于各相绕组的电动势,且各相电压的频率相等,相位也是互差 120°,所以三个相电压也是相互对称的。

两根相线之间的电压称为线电压,线电压的方向由相序决定。

把流过每相负载的电流称为相电流,规定其方向与相电压方向一致。流过每根相线的电流称为线电流,规定其方向由电源流向负载。

第五章

安全用电

第一节　人体触电的类型及常见原因

一、人体触电的类型

人体触电的类型主要有电击和电伤。电击是指触电者直接接触了设备的带电部分,电流通过了人体,在电流达到了一定数值后,就会将人击倒的现象;电伤是指触电后皮肤的局部创伤,由于电流的热效应、化学效应、机械效应,以及在电流的作用下,熔化和蒸发的金属微粒侵袭人体皮肤而造成的灼伤。

常见的触电方式可分为三种:单相触电、两相触电、跨步电压触电。

单相触电是指人体触及一根带电导体或接触到漏电的电气设备外壳,导致电流通过人体的现象。如图 5-1 所示,此时人体承受的电压就是电源的相电压,在低压供电系统中相电压为 220 V。

图 5-1　单相触电

两相触电是指人体的两个部位分别触及两相带电导体,导致电流通过人体的现象。如图 5-2 所示。此时加在人体触电部位两端的电压就是电源的线电压,在低压供电系统中性线电压为 380 V。

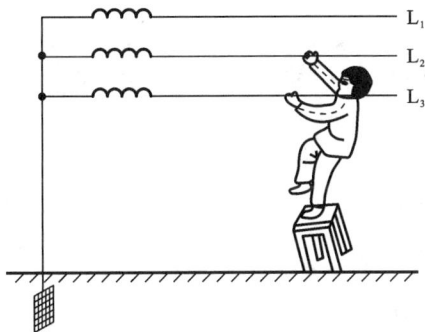

图 5-2   两相触电

跨步电压触电是指在高压电网接地点或防雷接地点及高压相线断落或绝缘损坏处,有电流流入接地点,电流在接地点周围土壤中产生电压,当人体走近接地点时,两步之间就有电位差,由此引起的触电事故称为跨步电压触电,如图 5-3 所示。步距越大、离接地点越近,跨步电压也越大。已受到跨步电压威胁者,应采取单脚或双脚并拢的方式迅速跳出危险区域。

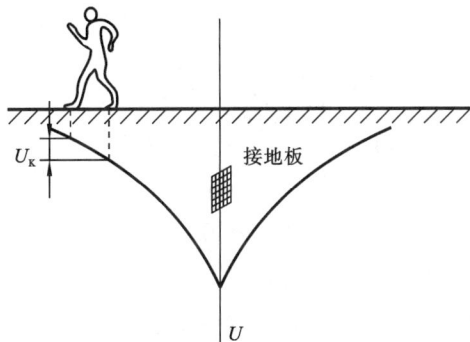

图 5-3   跨步电压触电

触电伤人的主要因素是电流大小,电流大小又取决于作用到人体上的电压和人体的电阻。当通过人体的电流在 20 mA 以上时,就会导致呼吸困难、肌肉痉挛,甚至发生死亡事故。电流流过大脑或心脏时,最容易造成死亡事故。

人体因触及带电体而承受过大的电流,以致引起局部受伤或死亡的现象称为触电。触电对人体的伤害程度与流过人体电流的频率、大小、路径、通电时间的长短,以及触电者本身的情况有关。

二、人体触电的常见原因

发生触电事故的原因有:电气设备的安装过于简陋,不符合安全要求;电气设备老化,有缺陷或破损严重,维修、维护不及时;作业时没有严格遵守电工安全操作规程或粗心大意;缺乏安全用电常识等。

第二节　保护接地、保护接零的原理及应用

一、保护接地的原理及应用

将电气设备正常情况下不带电的金属外壳通过接地装置与大地可靠地进行连接称为保护接地。当设备外壳因绝缘不好而带电时,工作人员即使碰到机壳,也相当于人体与接地电阻并联,而人体电阻远比接地电阻大,因此流过人体的电流极为微小,从而起到了保护作用,如图 5-4 所示。在正常情况下,电机、变压器及移动式用电器等较大功率的电气设备的外壳(或底座)都应保护接地。

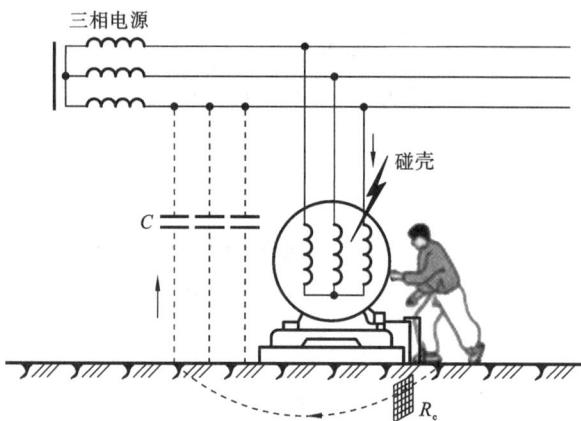

图 5-4　保护接地

二、保护接零的原理及应用

保护接零是指在电源中性点接地的系统中,为防止因电气设备绝缘损坏而导致人员触电事故,将电气设备的金属外壳与电源的零线(或称为中性线)相连接。在外壳接零后,如电动机某一相绕组的绝缘损坏而与外壳相接时,就形成了单相短路,立即将这一相中的熔断器熔断,或使其他保护器动作,迅速切断电源,消除触电危险,如图 5-5 所示。

采取保护接零时应注意以下几点。

(1) 在三相四线制供电系统中,零线必须有良好的接地措施;

(2) 在零线线路中不能装开关和熔断器,以防止零线断开时造成人身和设备事故;

(3) 在同一电源上,不允许将一部分电气设备保护接地,而另一部分电气设备保护接零,否则将增加检查的难度,并可能导致电网的不平衡;

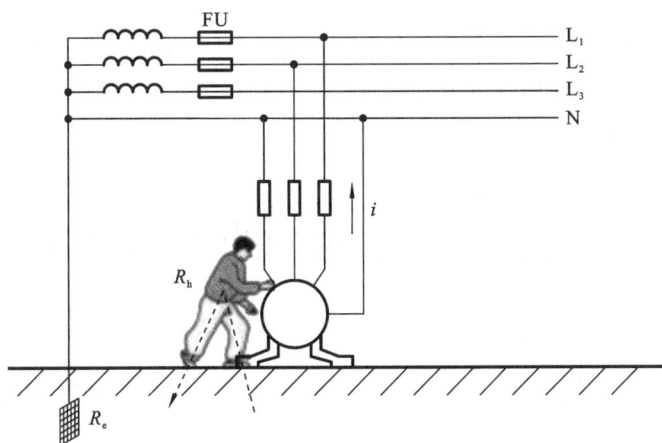

图 5-5　保护接零

（4）在安装单相三孔插座时,正确的接法是:将插座上接电源零线的孔和接地的孔分别用导线并联到零线上,从而保证零线接点和地线接点等电位,且与零线电位相同。

第三节　安全电压等级

安全电压是指不致使人直接致死或致残的电压。我国规定的安全电压额定值的等级为42 V、36 V、24 V、12 V、6 V。当电气设备采用的电压超过安全电压时,必须按规定采取防止直接接触带电体的保护措施。

第四节　电气火灾的防范及扑救常识

引起电气火灾的原因很多,主要原因是设备或线路过载运行,供电线路绝缘老化引发漏电、短路,造成设备过热、温升太高,引起绝缘纸、绝缘油等燃烧,电气设备运行中产生的明火（如电刷火花、电弧等）引燃易燃物等。

为了防止电气火灾的发生,在制造电气设备和安装电气线路时,应选用具有一定阻燃能力的材料以减少电气火源。一定要按照防火要求设计和选用电气产品,严格按照额定值规定条件使用电气产品。导线和用电器在使用了一定时间之后都会发生老化,绝缘性能变差往往会引起短路,进一步会引发火灾,所以应该及时更换电路中老化的导线,淘汰老化的用电器。

电气火灾一旦发生,要立刻切断电源,然后使用采用不导电灭火剂的灭火器(如 1211 灭火器、二氧化碳灭火器、干粉灭火器、四氯化碳灭火器等)灭火,严禁用水或泡沫灭火器灭火。

第五节　触电现场的处理措施

触电事故发生后,首先应使触电者脱离电源,并立即进行现场触电急救。

一、脱离电源

如图 5-6 所示,可用绝缘棒拨开触电者身上的电线,或者用钢丝钳切断电源回路,也可直接迅速拉开刀开关或拔去电源插头,使触电者迅速脱离电源。

图 5-6　用绝缘棒拨开触电者身上的电线

二、口对口人工呼吸抢救法;人工胸外心脏按压抢救法;两种方法同时采用

发现有人触电时,除及时拨打"120"急救电话联系急救人员外,还需立即进行现场急救。急救的方法有口对口人工呼吸抢救法和人工胸外心脏按压抢救法。

1. 口对口人工呼吸抢救法

若触电者呼吸停止,但心脏还有跳动,应立即采用口对口人工呼吸抢救法。

口对口人工呼吸抢救法如图 5-7 所示。

1) 操作步骤

(1) 患者体位与气道开放。

患者应取仰卧位,施救者需将患者的头部向后仰,使下颌骨与耳垂连线和地面垂直,以打开气道。同时,需清除患者口腔内的异物,以保持气道通畅。

(2) 捏鼻与吹气。

施救者用拇指和食指捏住患者的鼻孔,防止吹气时气体从鼻孔泄漏。深吸一口气后,用

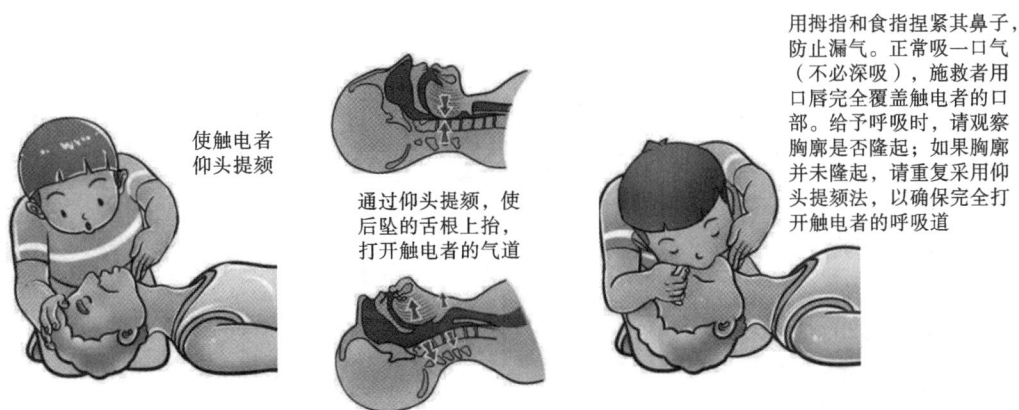

用拇指和食指捏紧其鼻子,防止漏气。正常吸一口气(不必深吸),施救者用口唇完全覆盖触电者的口部。给予呼吸时,请观察胸廓是否隆起;如果胸廓并未隆起,请重复采用仰头提颏法,以确保完全打开触电者的呼吸道

使触电者仰头提颏

通过仰头提颏,使后坠的舌根上抬,打开触电者的气道

图 5-7　口对口人工呼吸抢救法

口唇完全覆盖患者的口部。用力吹气,使患者的胸部隆起。吹气时,每次吹气量为 800 至 1200 毫升,吹气时间为 1 至 1.5 秒。

（3）吹气频率与观察。

吹气频率通常为每分钟 10 到 12 次,或每 5 秒 1 次。吹气后,施救者应松开捏鼻的手,让患者自行呼气,观察患者胸部是否有起伏及回气声,以确认气道通畅。

2）注意事项

（1）操作前需确保患者处于空气新鲜、流通处,避免软床,以免影响操作。

（2）儿童吹气量应根据年龄进行调整,避免过度用力。

（3）有条件时,可使用专业面罩或简易呼吸机代替口对口呼吸。

（4）为降低交叉感染风险,建议使用纱布隔离接触部位。

2. 人工胸外心脏按压抢救法

若触电者虽有呼吸但心脏停止跳动,应立即采用人工胸外心脏按压抢救法。

人工胸外心脏按压抢救法如图 5-8 所示。

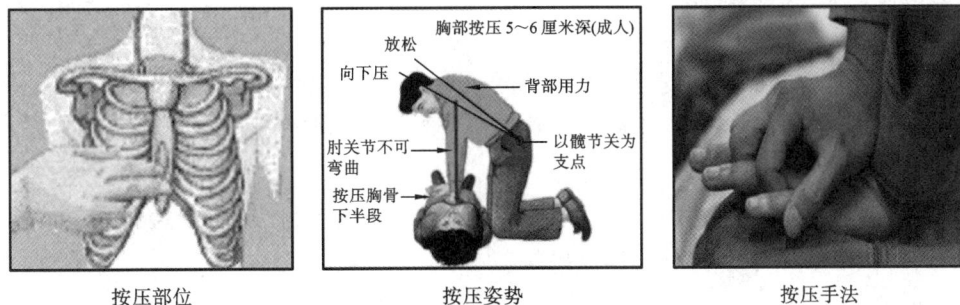

胸部按压 5～6 厘米深(成人)
放松
向下压
背部用力
肘关节不可弯曲
以髋关节关为支点
按压胸骨下半段

按压部位　　　　　　　　按压姿势　　　　　　　　按压手法

图 5-8　人工胸外心脏按压抢救法

1)人工胸外心脏按压抢救法要诀

(1)环境安全。

确保现场安全,避免二次伤害。

(2)判断意识与呼吸。

拍肩呼叫无反应,观察 10 秒内胸腹无起伏。

(3)立即呼救。

喊人拨打急救电话,有条件的立即使用 AED。

(4)按压定位。

两乳头连线中点(成人),即胸骨下半段。

(5)姿势标准。

掌根重叠,十指交叉,手臂垂直(肘关节不可弯曲)。

(6)按压要点。

快:100～120 次/分钟。

深:5～6 厘米(成人),婴儿、儿童约胸廓的 1/3 深度。

弹:完全回弹(手不离胸,但压力归零)。

连:减少中断(中断时长不大于 10 秒)。

(7)人工呼吸(可选)。

30 次按压后,2 次呼吸(压额抬颏,吹气 1 秒,观察胸廓起伏情况)。

若不愿或不能口对口,持续纯按压也有效。

(8)持续循环。

单人施救成人、儿童时,按压、呼吸次数比为 30∶2,单人抢救婴儿时,按压、呼吸次数比为 15∶2。

直至触电者恢复呼吸,或急救人员到达现场或启用 AED。

2)注意事项

(1)减少中断:换人操作,中断时长不大于 5 秒,避免疲劳(每 2 分钟就轮换一次)。

(2)AED 到达后,立即开机,按提示贴电极片,电击后立刻恢复按压。

3)记忆口诀

用力压、快快压、胸回弹、莫中断!

"叫叫 CAB":叫患者→叫支援→C(按压)→A(气道)→B(呼吸)。

注意:非专业施救者首选人工胸外心脏按压抢救法,无须进行人工呼吸。及时按压可提升 2～3 倍存活率。

人工胸外心脏按压抢救法如图 5-8 所示。《2020 AHA 心肺复苏和心血管急救指南》强调高质量按压是存活关键,简化流程以提高实施率。

3. 两种方法同时采用

如图 5-9 所示,若触电者受伤严重,呼吸和心跳都已停止,或瞳孔开始放大,应同时采用上述两种方法进行抢救。

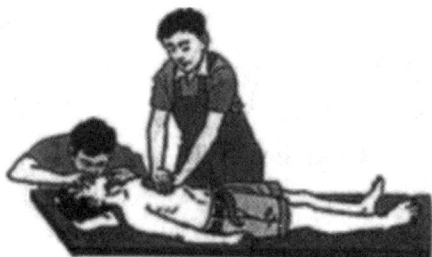

图 5-9　同时采用口对口人工呼吸抢救法和人工胸外心脏按压抢救法

第六节　节约用电的意义和措施

节约用电是指加强用电管理,采取技术上可行、经济上合理的节电措施,减少电能的直接和间接损耗,提高能源效率和保护环境。

节约用电的措施如下。

(1) 推广绿色照明技术、产品和节能型家用电器;

(2) 降低发电厂用电和线损率,杜绝不明损耗;

(3) 鼓励余热、余压和新能源发电,支持清洁、高效的热电联产、热电冷联产和综合利用电厂;

(4) 推广用电设备经济运行方式;

(5) 加快低效风机、水泵、电动机、变压器的更新改造,提高系统运行效率;

(6) 推广高频晶闸管调压装置、节能型变压器;

(7) 推广交流电动机调速节电技术;

(8) 推行热处理、电镀、铸锻、制氧等工艺的专业化生产;

(9) 推广热泵、燃气-蒸汽联合循环发电技术;

(10) 推广远红外、微波加热技术;

(11) 推广应用蓄冷、蓄热技术。

要扩大两部制电价的使用范围,逐步提高基本电价,并降低电度电价;加速推广峰谷分时电价和丰枯电价,逐步拉大峰谷、丰枯电价差距;研究制定并推行可停电负荷电价。电力企业应当加强电力需求侧管理的宣传和组织推动工作,其所发生的有关费用可在管理费用中据实列支。

对在单位产品电力消耗管理中取得成绩的集体和个人给予奖励,对单位产品电力消耗超过最高限额的集体和个人给予惩罚。单位产品电力消耗超过最高限额指标的,限期治理;未达到要求的或逾期不治理的,由县级以上人民政府节约用电主管部门提出处理建议,报请同级人民政府按照国务院规定的权限责令停业整顿或者关闭。新建或改建超过单位产品电耗最高限额的产品生产能力的工程项目,由县级以上人民政府节约用电主管部门会同项目审批单位责令停止建设。新建或改建工程项目采用国家明令淘汰的低效高耗电的工艺、技术和设备的,由县级以上人民政府节约用电主管部门会同项目审批单位责令停止建设,并依法追究项目责任人和设计负责人的责任。生产、销售国家明令淘汰的低效高耗电的设备、产品的,或使用国家明令淘汰的低效高耗电的工艺、技术和设备的,或将国家明令淘汰的低效高耗电的设备、产品转让他人使用的,按照《中华人民共和国节约能源法》的有关规定予以处罚。

第七节　万用表的使用

万用表一般可用来测量直流电压、直流电流、交流电压、交流电流和电阻,是电气设备检修、试验和调试等工作中常用的测量工具。万用表的型号很多,主要由指示部分(表头)、测量电路、转换装置三部分组成,可分为指针式和数字式两类。

一、指针式万用表的结构;指针式万用表使用前的准备工作;指针式万用表的使用方法;指针式万用表使用时的注意事项;其他注意事项

1. 指针式万用表的结构

现以指针式 MF30 型万用表为例,如图 5-10 所示,介绍其使用方法。

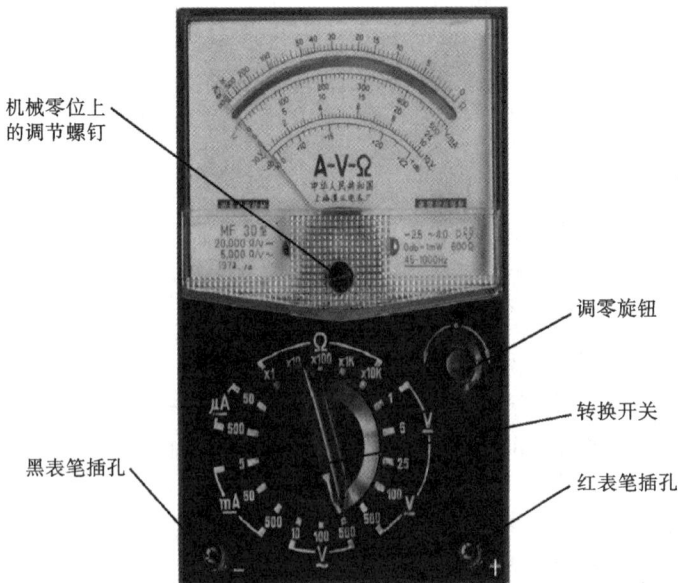

图 5-10　指针式万用表

MF30 型万用表的面板组成如图 5-10 所示,指示部分俗称表头,用以指示被测电量的数值。测量电路的作用是把被测电量转变成适合于表头要求的微小直流电流。万用表的各测量种类及量程的选择是靠转换装置实现的,转换装置通常由转换开关、接线柱、插孔等组成。

转换开关有固定触点和活动触点,位于不同位置,接通相应的触点后,构成相应的测量电路。

2. 指针式万用表使用前的准备工作

(1) 机械调零。指针式万用表在使用前应水平放置,并检查指针是否在零位,若不指示零位,则应用螺丝刀调整机械零位上的调节螺钉,使指针指到零位。

(2) 接好表笔将红表笔的接线接到红色接线柱上(或插入"＋"插孔);黑表笔的接线应接到黑色接线柱上(或插入"－"插孔)。

(3) 熟悉刻度盘标度尺。指针式万用表刻度盘有多个标度尺,它们分别适用于测量不同的被测对象,如图 5-11 所示。因此,不同的测量项目应在相应的标度尺上读数,不能混淆。

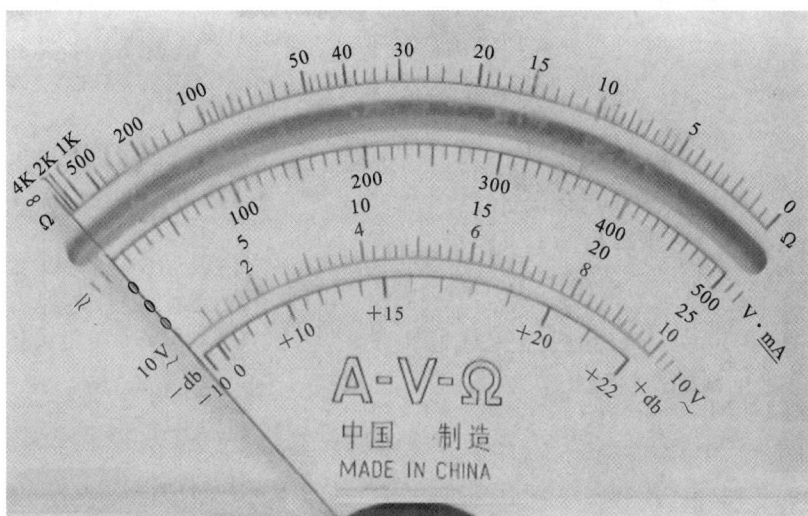

图 5-11　指针式万用表刻度盘

3. 指针式万用表的使用方法

下面以图 5-12 为例,介绍指针式万用表常用的四种测量方法。

1) 测量电阻

测量电阻接线如图 5-12(a)所示。

(1) 按照估计被测值,把转换开关转到标有"Ω"符号的适当量程位置上,旋动旋钮使箭头指在 Ω 栏的某挡上。选择挡位时,以示值尽可能在中间刻度的位置为最佳。

(2) 将两表笔短接,旋转调零旋钮,使表针指在电阻刻度的"0"刻度上。此项调整在每次换挡时均应进行一次。若将旋钮调到最大位置时,指针仍不能指到"0"刻度点(在"0"刻度点左侧,即有数值的一侧),则说明该表的电池电压已不能满足要求,应更换电池。

(3) 用两表笔分别连接被测电阻的两端,表针指示一个读数,若示值过小或过大,则应将其调换成更合适的挡位,再重新测量。测量读数×倍数(挡位)＝检测值(Ω)。

（4）测量完毕后,若还需接着使用,则注意防止两表笔相碰而短路;若不接着使用,则将旋钮旋到交流电压最高挡处。此操作对以上 3 项测量过程也适用,这是为了防止因疏忽大意,在测量较高交流电压时,忘记切换便直接测量,从而导致仪表烧毁。

2）测量交流电压

测量交流电压接线如图 5-12(b)所示。表笔不分正、负极,所需量程由被测电压来决定,如果被测电压未知,可选用指针式万用表的最高量程——500 V。若指针偏转较小,再逐级调低量程直至合适的测量范围,即指针指在标度尺 1/3 以上的位置。

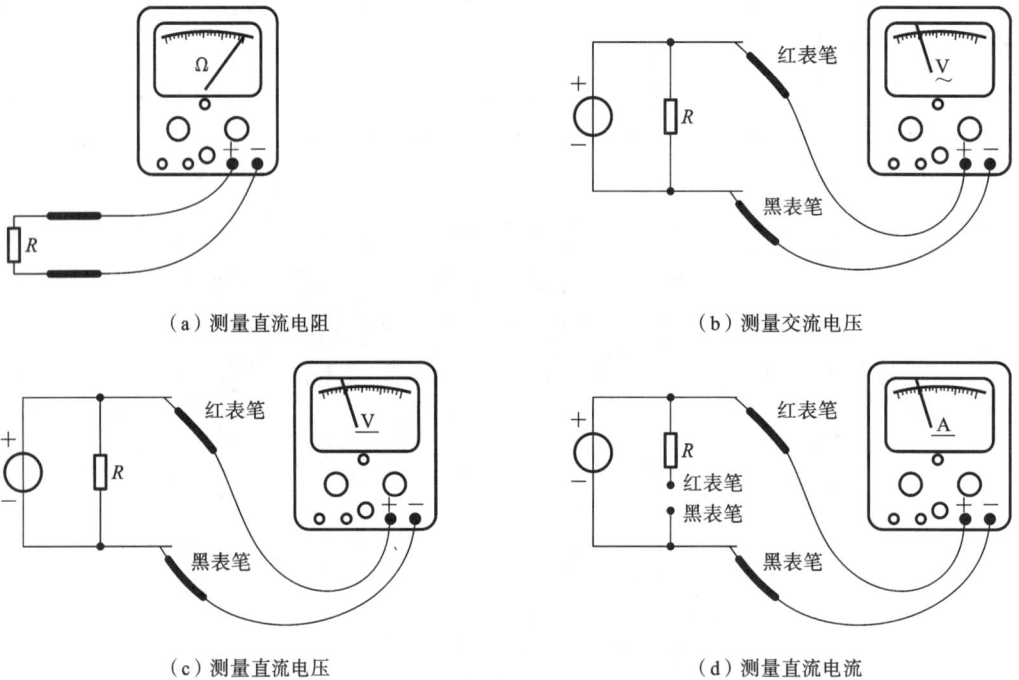

（a）测量直流电阻　　　　　　　　（b）测量交流电压

（c）测量直流电压　　　　　　　　（d）测量直流电流

图 5-12　万用表常用的四种测量方法

（1）按照估计被测电压值选择交流电压挡位。如果测量三相电动机的电源线电压,其值应为 380 V 左右,则将旋钮旋到 AC 500 V 挡上。

（2）用两表笔分别连接被测电阻的两端。注意防止触电,测量时应穿绝缘鞋或踩在与地绝缘的物体上,也可戴绝缘手套。

（3）按照所选挡位的数值选择与其乘以 10 为倍数的刻度线,目的是便于读数。

根据所选挡位和指针指示的刻度,求得被测交流电压的数值。

3）测量直流电压

测量直流电压接线如图 5-12(c)所示。测量直流电压时,正、负极不能接错,"＋"插孔表笔接至被测电压的正极,"－"插孔表笔接至被测电压的负极,不能接反,否则指针会因逆向偏转而被打弯。如果无法确定被测电压的正、负,可选用较高的测量挡位,并用两个表笔迅速接触测量点,通过观察表针的指向,判断被测电压的正、负极。

（1）按照估计被测电压值选择直流电压挡位，即将旋钮旋到 DC 某挡上。如果测量一节干电池，则应选择 DC 的 2.5 V 挡。

（2）确定被测电压的正、负极。

（3）根据所选挡位和表针示值可求得被测电压值。

4）测量直流电流

测量直流电流接线如图 5-12(d)所示，将转换开关转到标有"mA"或"μA"符号的适当挡位。如果被测电流的大小未知，可将量程选定在大量程挡位，然后视指针偏转大小选择适当挡位。注意指针式万用表测量直流电流时的最大量程一般为 2.5 A。

（1）按照估计被测电流值设置旋钮的位置。

（2）断开被测电路，并确定两断点的正、负极。"＋"表笔接电路正极，"－"表笔接电路负极，即将指针式万用表串联在被测电路中。

（3）按照所选挡位及指针指示的刻度线上的读数，求得被测电流值。

（4）将旋钮旋到交流电压最高挡处。

4. 指针式万用表使用时的注意事项

注意事项如下。

（1）测量电阻时，应读取最上方的标有"Ω"的第一条标度尺上的数字，然后乘以量程指针所指的倍率。

（2）测量直流电压与电流时，应读取标有"V·mA"的第二条标度尺上的数字，其中满量程数字是根据被测量的大小来选择的相应数字。

（3）测量交流电压时，应读取标有"10 V"的第三条标度尺上的数字，其中满量程数字是根据被测量的大小来选择相应数字的。

1）转换开关位置选择要正确

选择测量种类时，要特别细心，若误用电流挡或电阻挡测量电压，轻则烧毁保险丝，重则烧毁表头。要选择适当量程，测量时最好使表针指在量程的 1/2 到 2/3，读数较为准确。

2）端钮或插孔选择要正确

红表笔应插入"＋"插孔，黑表笔应插入"－"插孔。在测量电阻时，注意指针式万用表内干电池的正极与面板上的"－"插孔相连，干电池的负极是与面板上的"＋"插孔相连。

3）不能带电测量电阻

当测量线路中的某一电阻时，线路必须与电源断开，决不能在带电的情况下用指针式万用表的 Ω 挡测量电阻值，否则可能会烧坏万用表。

4）测量电路的连接

测量电压时，表笔与被测电路并联；测量电流时，表笔与被测电路串联；测量电阻时，表笔与被测电阻的两端相连；测量电容等时，应将其引出线插入面板上的指定插孔。

5）根据测量对象观察标度尺读数

指针式万用表的表盘上有多个标度尺，应根据不同的测量对象，观察所对应的标度尺读数，同时要注意标度尺与量程挡位的配合，进而得到正确的测量值。

5．其他注意事项

（1）使用指针式万用表测量时，要注意手不能触及表笔的金属部分，以防止触电或影响测量结果。

（2）不能使用指针式万用表的欧姆挡直接测量检流计、表头（微安）、标准电池等仪器和仪表的内阻，否则很可能会损坏这些仪器和仪表。

（3）指针式万用表转换开关在欧姆挡时，不要把表笔短接，以免浪费电池的电能或损坏指针式万用表。

（4）较长时间不使用指针式万用表时，应取出表内电池。

（5）必须带电测量电压、电流时，应有人监护，并保持安全距离，不得用手触摸表笔的金属部分。

（6）指针式万用表每年要检验一次，以确定其完好性与准确度。

二、数字万用表的结构；数字万用表的使用方法

数字万用表采用模/数转换器把被测电压的模拟量转换为数字量并送入计数器，通过译码器变换成段码，最后驱动显示器显示相应的数值。数字万用表较指针式万用表有以下几个方面的优点：灵敏度高；准确度高；显示清楚；过载能力强；便于携带；使用简单。

1．数字万用表的结构

数字万用表如图 5-13 所示。

2．数字万用表的使用方法

1）电压的测量

（1）直流电压的测量。

首先将黑表笔插入"COM"插孔，红表笔插入"＋"插入。把旋钮旋到比估计值大的量程（注意：表盘上的数值均为最大量程，"V－"表示直流电压挡，"V～"表示交流电压挡，"A"表示电流挡），接着把表笔接到电源或电池两端；保持接触稳定。数值可以直接从显示屏上读取，如果显示为"1"，则表明量程太小，就要加大量程后再进行测量。如果在数值左边出现"－"，则表明表笔极性与实际电源极性相反，此时红表笔接的是负极。

（2）交流电压的测量。

表笔插孔与直流电压的测量一样，应该将旋钮旋到交流挡"V～"处所需的量程。交流电压无正、负之分，测量方法跟指针式万用表的测量方法相同。无论测量交流电压还是测量直流电压，都要注意人身安全，不要随便用手触摸表笔的金属部分。

2）电流的测量

（1）直流电流的测量。

先将黑表笔插入"＋"插孔。若测量大于 200 mA 的电流，则要将红表笔插入"10 A"插孔，并将旋钮旋到直流"10 A"挡；若测量小于 200 mA 的电流，则将红表笔插入"10 A"插孔，并将旋钮旋到"mA"挡。调整好后，将数字万用表串联到电路中，保持稳定，即可读数。若在数值左边出现"－"，则表明电流从黑表笔流入数字万用表。

显示屏

单位标定

最大值/最小值
（交流）

显示屏照明

保持

直流/交流

二极管

欧姆表/蜂鸣器

电容

频率

交流电压

毫安

直流电压

10 A

关闭

10 A 插孔

公共接地插口

插座：电压、电阻、频率

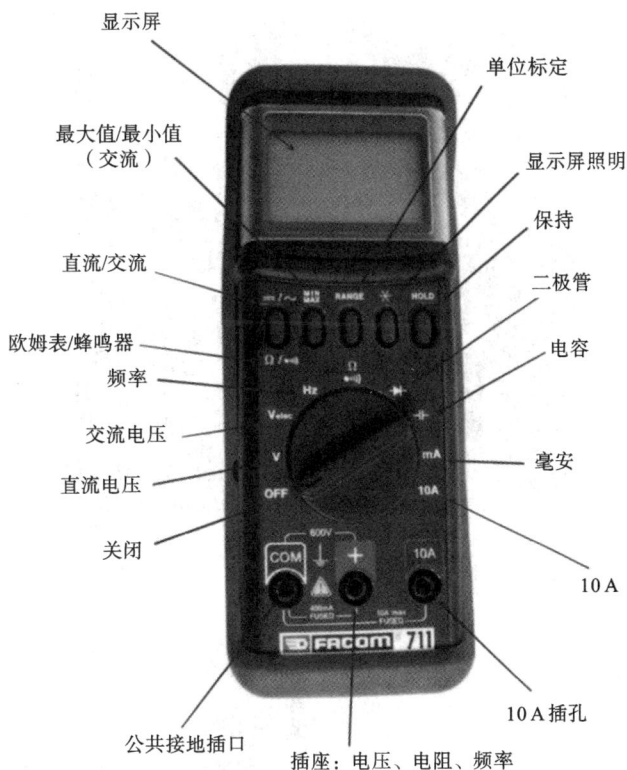

图 5-13　数字万用表

（2）交流电流的测量。

测量方法与测量直流电流相同,不过挡位应该选择交流挡位,电流测量完毕后应将红表笔插回"VΩ"插孔,若忘记这一步而直接测量电压,就很可能会烧毁数字万用表。

3）电阻的测量

将表笔插入"COM"和"VΩ"插孔,把旋钮旋到所需量程,用表笔接在电阻两端金属部位,测量中可以用手接触电阻,但不要把手同时接触电阻两端,这样会影响测量的精确度,因为人体是电阻很大但有限的导体。读数时,要保持表笔和电阻有良好的接触。注意单位,在"200"挡时,单位为 Ω,在"2 K"到"200 K"挡时,单位为 kΩ,"2M"以上的单位为 MΩ。

4）二极管的测量

数字万用表测量二极管时,表笔位置与电压测量一样,将旋钮旋到"▶│"挡,如图 5-14 所示。图 5-15 所示的为测量二极管的方法,用红表笔接二极管的正极,黑表笔接二极管的负极,这时会显示二极管的正电压,肖特基二极管的电压约为 0.2 V,普通硅整流管（1N4000、1N5400 系列等）约为 0.7 V,发光二极管为 1.8～2.3 V。

调换表笔,显示屏显示"1"则为正常,因为二极管的反向电阻很大,否则此管已被击穿。

5）三极管的测量

表笔插孔同上;其原理同二极管。首先假定 A 引脚为基极,用黑表笔与该引脚相连接,

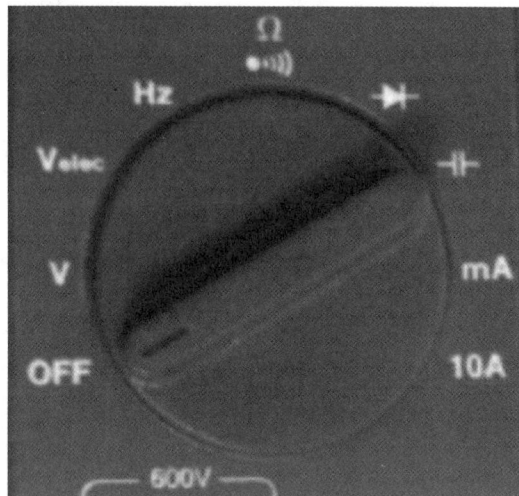

图 5-14　旋钮旋到蜂鸣器

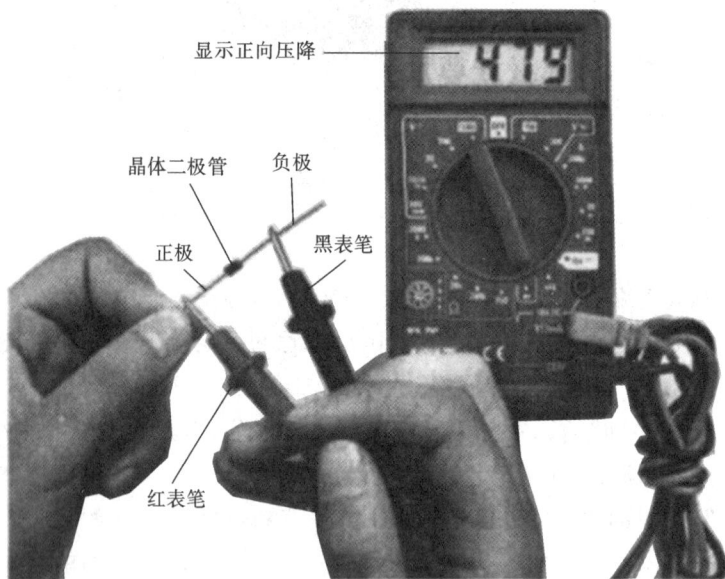

显示正向压降

晶体二极管　负极

正极　黑表笔

红表笔

图 5-15　测量二极管的方法

红表笔分别接触其他两个引脚；若两次读数均为 0.7 V 左右，然后再用红表笔连接 A 引脚，黑表笔接触其他两个引脚，若均显示"1"，则 A 引脚为基极，否则需要重新测量，且此三极管为 PNP 管。然后选择"hFE"挡，可以看到挡位旁有 2 个插孔，分别可对 PNP 管和 NPN 管进行测量，前面已经判断出了三极管的管型，将基极插入对应管型"b"插孔，其余两个引脚分别插入"c""e"插孔，此时可以读取数值，即 β 值；再固定基极，对调其余两个引脚；比较两次读数，读数较大的引脚位置与表面"c""e"相对应。

第八节　防止触电的保护措施

为了防止发生触电事故,除应注意开关必须安装在相线上,以及合理选择导线与熔体外,还必须采取以下防护措施。

一、正确安装电气设备

电气设备要根据说明和要求正确安装,不可马虎。带电部分必须有防护罩或放到不易接触到的高处,以防触电。

二、电气设备的保护接地

把电气设备的金属外壳用导线和埋在大地中的接地装置连接起来,称为保护接地,适用于中性点不接地的低压系统。电气设备采用保护接地以后,即使外壳因绝缘不好而带电,这时工作人员碰到机壳就相当于人体和接地电阻并联,而人体的电阻远比接地电阻大,因此,流过人体的电流就很微小,进而保证了人身安全。

三、电气设备的保护接零

保护接零就是在电源中性点接地的三相四线制供电系统中,把电气设备的金属外壳与中性线连接起来。如果电气设备的绝缘损坏并接触外壳,这时由于中性线的电阻很小,短路电流会非常大,能够立即烧断电路中的熔体,从而切断电源,消除触电危险。

在单相电气设备中,应使用三相插头和三相插座,如图 5-16 所示。正确的接法是:应把电气设备的外壳通过导线连接到插座上中间那个比其他两个插脚更粗或更长的插脚上,并确保此插脚与保护接零线或保护接地线相连接。

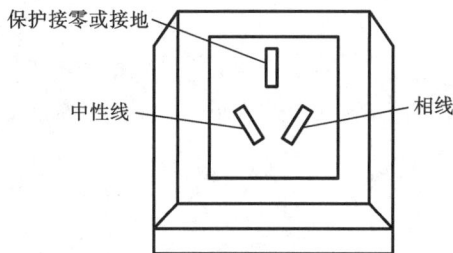

图 5-16　三相插座

四、使用漏电保护装置

漏电保护装置的作用如下。

首先,防止由于漏电引起的触电事故和单相触电事故;

其次,防止因漏电引起的火灾事故,并能够监视或切除一相接地故障。

此外,有的漏电保护装置还具备切除三相电动机断相运行故障的功能。

参考文献

[1] 秦曾煌.电工学[M].7 版.北京:高等教育出版社,2009.

[2] 程周.电工电子技术与技能[M].2 版.北京:高等教育出版社,2014.

[3] 苏永昌.电工技术基础与技能[M].2 版.北京:高等教育出版社,2014.

[4] 陈雅萍.电工技术基础与技能[M].3 版.北京:高等教育出版社,2018.

[5] 章振周.电工基础[M].北京:机械工业出版社,2008.

[6] 杜德昌.电工电子技术与技能实训指导[M].3 版.北京:高等教育出版社,2019.

[7] 人民教育出版社,课程教材研究所,物理课程教材研究开发中心.物理[M].北京:人民教育出版社,2018.

附 录

福建省中等职业学校学业水平考试
"电工基础"科目考试说明

中等职业学校学业水平考试是根据国家中等职业教育专业教学标准,结合我省中等职业教育教学实际,由省级教育行政部门组织实施的考试,主要衡量学生达到国家规定学习要求的程度,是保障职业教育教学质量的一项重要制度。考试成绩是中职学生毕业和升学的重要依据,是评价中等职业学校教育教学质量的重要参考,是持续推进我省现代职业教育体系建设的重要途径。

一、考核目标与要求

（一）知识要求

《电工基础》知识分为了解、理解、掌握三个层次。

了解:准确了解电路的基本概念、基本定律和定理,各个电路的使用方法。

理解:正确理解电工基础中的电路组成原理、基本物理量、元件的概念。

掌握:熟练掌握电工基础中的基本物理量概念、有关定理、定律和定则的成立条件、适用范围和在电路中的分析计算方法。

（二）能力要求

培养学生识读一般电路图的能力;能对电路进行分析和计算;会识别和正确选用电阻、电容及电感等元件;会正确选用和使用测试仪器和仪表对电路进行测量和调试;能进行简单电路设计。

（三）素养要求

培养良好的职业道德素养,具有工程质量意识和工作规范意识以及严谨、认真的工作态度;具有辩证思维和逻辑分析的意识和能力,科学务实的工作作风,能够理论联系实际。

二、考试内容与要求

考试内容包括直流电路、电容和电感及变压器、单相正弦交流电路、三相正弦交流电路及安全用电等五部分。

（一）直流电路

1. 电路基本概念和基本定律

（1）了解电路的组成和功能；理解电路模型的概念；掌握电路的通路、开路和短路三种基本状态；掌握常用电路元件的图形和文字符号；会识读简单电路图。

（2）理解电流的定义；掌握电流的计算公式和判别电流方向的方法。

（3）了解电压、电位的概念；掌握电压与电位的关系；掌握电压的实际方向与参考方向三种表示方法的关系，并能正确判断电压的实际方向；掌握电压与电位的计算公式。

（4）了解电阻器的功能及主要参数；了解热敏电阻、光敏电阻、压敏电阻、气敏电阻等常用敏感电阻器的特性及应用；掌握电阻和电阻率的概念；掌握金属导体电阻的计算公式；掌握电阻的识别（色环标注法和数码法）；了解电阻率与温度的关系；了解电阻器的作用和分类。

（5）熟练掌握部分电路欧姆定律的公式和应用；理解线性电阻的伏安特性曲线；理解电压与电流的关联参考方向、非关联参考方向。

（6）理解电动势的概念、电动势的大小和方向；掌握电动势与电源电压的关系；理解一般电路电压下降的规律。

（7）掌握全电路欧姆定律的公式及其应用；了解电源的外特性曲线。

（8）了解电路中能量的转换；理解电功和电功率的定义；掌握电源和负载的功率计算；掌握额定电流、额定电压、额定功率的概念。

（9）理解负载获得最大功率的条件；掌握负载获得最大功率的计算公式。

2. 直流电路分析

（1）理解电阻串联、并联电路中电流、电压和功率的分配规律；掌握电阻串联、并联和混联时有关等效电阻、电压及电流的计算公式；了解电阻串联电路和并联电路的应用；了解直流电源串联和并联时，等效电动势及等效内阻的计算公式。

（2）理解理想电压源、理想电流源的定义、特性及其应用。

（3）了解节点、支路、回路和网孔的定义，并能正确识别；理解基尔霍夫电流定律（KCL）和基尔霍夫电压定律（KVL）的文字表述和数学公式。

（4）熟练应用基尔霍夫电流定律和基尔霍夫电压定律列写的电路方程；掌握应用支路电流法求解 2 个网孔电路的方法。

（5）理解电桥平衡的定义；掌握电桥平衡的条件和实际应用。

（二）电容、电感及变压器

（1）结合实物了解实际电容器元件、电感器元件，了解电容器、电感器的概念、特性、主要参数及其应用；掌握电容器、电感器的标注方法，特别是数码法。

（2）了解储能元件和耗能元件的概念和区别；了解电容器和电感器都是储能元件，电阻器是耗能元件。

(3) 了解磁通、磁感应强度的概念。

(4) 了解电磁感应现象,理解楞次定律的内容及应用。

(5) 理解电容器充、放电电路的工作特点。

(6) 理解磁场、磁力线、磁极的概念及特性。

(7) 理解电磁感应定律的内容。

(8) 了解电流磁场、安培力的大小及方向;掌握左手定则判断载流直导体在磁场中所受电磁力的方向。

(9) 掌握电容器串联、并联的等效电容的计算方法。

(10) 了解变压器的工作原理,掌握变压器的变压比、变流比的计算公式。

（三）单相正弦交流电路

(1) 了解交流电与直流电的区别。

(2) 了解交流电的优点。

(3) 了解空气断路器和漏电保护器的选用与接线方法。

(4) 了解提高电路功率因数的意义及方法。

(5) 了解单相感应式电能表的选用、接线方法及读数。

(6) 理解电流、电压、电动势正弦量解析式、波形图的表现形式及其对应关系。

(7) 理解有效值、最大值的概念。

(8) 理解频率、角频率和周期的概念。

(9) 理解相位、初相位和相位差的概念。

(10) 理解电感、电容对交流电的阻碍作用,以及感抗、容抗的概念。

(11) 理解有功功率、无功功率、视在功率、功率因数的概念。

(12) 掌握正弦交流电的三要素。

(13) 掌握有效值、最大值之间的关系。

(14) 掌握频率、角频率和周期之间的关系。

(15) 掌握相位、初相位和相位差之间的关系。

(16) 掌握感抗、容抗与频率的关系。

(17) 掌握纯电阻电路、纯电感电路、纯电容电路的电压与电流的关系。

(18) 掌握简单照明线路的基本工作原理;会根据电路图进行照明线路的连接与检测。

（四）三相正弦交流电路

(1) 了解三相正弦对称电源的概念。

(2) 了解我国电力系统的供电制及配线方式。

(3) 了解电源、负载星形与三角形连接的结构及特点。

(4) 理解相序的概念。

(5) 掌握相电压、线电压、相电流、线电流的概念。

（五）安全用电

(1) 了解人体触电的类型及常见原因。

（2）了解保护接地、保护接零的原理及应用。

（3）了解安全电压等级。

（4）了解电气火灾的防范及扑救常识。

（5）理解触电现场的处理措施。

（6）了解节约用电的意义和措施。

（7）掌握万用表的使用方法。

（8）掌握防止触电的保护措施。

三、考试形式

（一）考试形式

考试采用闭卷、笔试形式。考试时间为 150 分钟，全卷满分 150 分。考试时不能使用计算器。

（二）参考题型

考试题型可以采用以下题型：单项选择题、判断题、填空题、问答题和计算题等，也可以采用其他符合学科性质和考试要求的题型。

（三）考试分数占比

考试内容包括以下几个部分，各部分的分值占比如下，各部分分值占比可根据实际情况有所调整。

（1）直流电路，60 分。

（2）电容、电感及变压器，22 分。

（3）单相正弦交流电路，45 分。

（4）三相正弦交流电路，15 分。

（5）安全用电，8 分。

四、参考书目

教材应选用满足本考试说明要求的国家规划教材、福建省规划教材或其他教材。